森 賢三
Kenzo Mori

農から学ぶ「私」の見つけ方

オートマティックに生きる

文芸社

はじめに

農業（自然）と日々向き合っていると、そこで起こる様々な現象には、いくつかのシンプルな法則が貫かれていることに気づきます。そしてその法則は、微生物などのミクロの世界から、宇宙といったマクロな世界まで貫かれています。さらには、人間の身体や人生、そして人間が生み出したこの社会の隅々にまで貫かれています。ですから、そのシンプルな法則を理解すれば、私たちの生き方や社会のあるべき姿までが見えてきます。

私たちは、前作『農から学ぶ哲学　宇宙・自然・人すべては命の原点で繋がっていた』（森賢三　森光司著　文芸社）において、そのシンプルな法則を紹介し、それを様々な分野で活用していただきたいと思いました。

前作では農業を取り上げてはいますが、決して農業の本ではなく、この本を読んでくれたすべての人が、自分の人生をより充実したものへと変えていくためのテキストとして有効に活用していただきたいと願いました。

おかげさまで前作は多くの人の手に渡り、高い評価もいただきました。しかしながら、本の内容を自分の人生に落とし込み、自分の人生をより実りあるものへと変えていくことに貢献できたかというと、それは十分ではありませんでした。

必要な素材は前作で提示しました。しかし、その素材を自力で加工し調理していくには、あまりにも課題が大きすぎたからです。前作出版後、多くの場所でお話し会を開かせていただきました。その中でシンプルな法則を活用するための補足説明などをさせていただくと、本では記述していない内容がまだまだたくさんあることに気づきました。

このため、前作を読み解き、読者一人ひとりの人生をさらに充実したものにしていくための一つの道筋を示したいと思い、第1章を書き上げました。しかし、1冊の本として出版するにはまだまだボリュームが不足していたため、「農哲副読本」という冊子として制作しました。それが2019年3月です。その後4か月かけて、この冊子を紹介する形で、関西を中心に約10か所で「お話し会」を開催させてもらいました。

この冊子「農哲副読本」は前作を読んでいただいている方を対象に書いたつもりだったのですが、いざふたを開けてみると、前作を読んでいなくても十分伝わるとの反応が多く、またこれまでの人生の棚卸ができたといった嬉しい感想も数多くいただき、何とか正式な出版まで持っていきたいと強く思いました。

「お話し会」では冊子を補足したり、さらに踏み込んだ解説をしていきましたが、徐々に新しい流れが生まれてきました。そしてこの「お話し会」そのものも多くの方に体験していただきたいと思うようになり、複数の会場でお話しさせていただいた内容を一つの流れで再構築し、「農哲紙上ライブ」として新たな原稿を書き上げました（第2章）。

このようにして、第1章は冊子の内容をほぼそのまま再掲させていただき、第2章は第1章（冊子）を手に持っている皆さんが私のお話を聞いているという、2本立ての本として完成しました。既に冊子で第1章を読んでいただいている方にも、十分楽しんでいただける内容となっていると思います。

前作同様、多くの皆様に可愛がっていただけることを心より願っています。

目次

第1章　オートマティックに生きる

「どうして自分だけがこんなにつらい思いをしなければならないのか」
「私は何の役にも立たない、この世界で必要とされていないちっぽけな存在だ」
「私は何をすればいいのでしょう。もっと人の役に立ちたいのに、自分に何ができるのかわからない」

だれもがこのような悩みを持った経験があると思います。そして、今も大きな不安や悩みを抱えて生きている人も大勢いると思います。

そんなあなたに前作で語ってきたシンプルな法則（以下「農哲」と呼ぶ。）は本当に役に立つのでしょうか。いえ、役に立てないなら農哲は本物とは言えません。1章では、農哲のエッセンスを紐解きながら、あなたが持つ悩みを解消し、あなた自身が新たな自分を発見し、人生そのものがワクワクに満ちた素敵なものに変わるのをお手伝いしたいと思います。

いきなり大風呂敷を広げてみました〜。たかだか一冊の本を読んだところで、人の人生を変えることなど簡単ではありません。そんな悩みならとっくに解決しているし、そして気づくことができるのはあなた自身ですから、本がそれを保証するわけでもありません。

しかし、苦しみの渦中にいる人は「ワラにもすがる思い」で必死に自分を救ってくれる情報を探します。私自身そんなつらい時期を経験しています。

しかし結論を先に言うと、そんな答えはどこを探しても絶対に見つからないのです。答えは自分の中から引っ張り出さないといけないのです。

1章には、皆さんの悩みの答えが書かれているわけではありません。自分でその答えを見つけるためのヒントが書かれています。それは新たな自分を発見する道でもあります。

そして新たな自分は、「オートマティックに生きる」という不思議で魅力的な人生を歩み始めます。

自分を変えるなんて簡単にできるわけがない！　そう思っているあなたも気楽な気持ちで読み始めてください。小さな気づきが、あなたの知らない心の扉を開いてくれるかもしれませんよ。

1. みかんの味の話

美味しい

本題に入る前にみかんの話をします。

私がみかん栽培を始めた時、最初から自然農を目指したのではなく、ひたすら「美味しいみかん」を作りたいと思いました。もちろん、前職では環境問題のコンサルタントをしていましたから自然農への関心もありました。しかしみかんはしょせん嗜好品です。いくら安全なみかんだと訴えても、美味しくなければ誰も振り向いてくれません。すべてのお客様にリピーターになってもらうためには、美味しさで勝負するしかないのです。

次に問題となったのは、美味しいみかんとは一体どんな味のみかんなのかということです。

一般にみかんの味は、酸と糖の二つの要素で決まり、酸を低くして糖を上げれば甘くておいしいみかんだといわれます。そして消費者はそういうみかんを好むから、甘いみかんを作りなさいと指導されます。

でも私は、そういう甘いみかんを食べても美味しいとは思えませんでした。であれば自分で調べるしかないと思い、AとBの2種類のみかんをあるイベント会場に持ち込み食べ比べをしてもらいました。

味の実験

調査に協力してくれたのは

・小学生低学年
・その親世代（概ね30代）
・その祖父母世代（概ね60代）

で各十数名の人に食べ比べていただきました。そしてその結果は見事に異なりました。

60代の人たちはほとんどがAのみかんが美味しいといいました。そして30代の親世代はほとんどがBのみかんを選びました。そして小学生低学年の答えは、真っ二つに割れました。半数がAと答え、半数がBと答えたのです。

私は前職で様々な調査にも取り組んできましたが、世代の違いで回答がこんなに異なる調査を経験したことがありません。

さらにその理由も聞いてみました。

60代の人たちは「Aのみかんは昔食べたみかんの味だ。今の時代でこの味のみかんを食べられるなんて感動した。嬉しい」と言ってくれました。そして30代の親世代は「Bのみかんは甘いから美味しい」と答えました。そして子供たちですが、Bを選んだ子供たちは親と同じように「甘いから美味しい」と答えました。そしてAを選んだ子供たちは、「美味しいから美味しい」と答えたのです。

「美味しいから美味しい」って素晴らしい回答だと思いませんか。『美味しさに理由なんかないでしょ。ただただ美味しいから美味しいのです』子供たちにそんな風にしかられたように感じました。そうか、本物の美味しさには理由など不要なのだ。そしてそこにこそ大切な秘密が隠れている。

ちなみに調査に使用したみかんの素性ですが、どちらも品種は同じで、Bは消費者が好むといわれている酸が低くて糖が高い慣行農栽培（農薬を使用した通常の栽培）のみかんで、Aは自然農栽培のみかんです。

みかんの味については前作でも取り上げているので詳しくはそちらを読んでいただくとして、結論のみ述べると、みかんの味は酸と糖の二つだけで作られているのではなく、ビタミンやミネラルといった微量栄養素も含めたバランスによって作られます。「甘いだけ」という表現がありますが、それはそこに糖はあるがそれ以外の栄養素が失われている味です。そして他の栄養素までしっかりと詰まった本物の美味しさを目指すには、自然農という栽培方法でしかその味を実現できなかったのが、私が自然農栽培に取り組んでいる理由です。

美味しさの秘密

「美味しいから美味しい」の秘密を探るために、私たちはどんな時に美味しいと感じるかを考えてみます。

例えば、高級レストランで数万円もするコース料理をいただいている時、これは絶対に美味しい！　と思っているはずです。あるいは1時間以上並んでやっとありつけたラーメンも美味しいと感じるでしょう。おふくろの味やふるさとの味も美味しいですね。さらには過去に美味しいと判定したあの時の味と似ているとか、私たちには美味しさのデータベースが脳の中に構築されていて、舌から受ける刺激とそのデータベースと照合しながら、美味しいかどうかを判定しているように思います。もちろんそのデータベースは各自異なるので、世間の評判と自分の感覚とが異なる場合もあります。

先の調査結果に戻るなら、60代の人々がAを美味しいといったのは、懐かしい記憶とつながって味に付加価値がついたからでしょう。そしてBが美味しいと答えた人たちは、「甘いみかん＝美味しい」という脳のデータベースが判定したのではないでしょうか。

では「美味しいから美味しい」という美味しさはどこから来るのでしょうか。

私たちは普段から様々なストレスを感じており、そのストレスから身を守るために免疫機能が発揮されます。この免疫機能は複数の栄養素のチームプレイによって発揮されますが、その時栄養素が消費されているのです。そして複数の栄養素の一つでも欠けているとその免疫機能は発揮されず、身体がダメージを受けます。

体内に存在する栄養素は絶えず変化し、バランスを崩します。しかし微量栄養素の多くは体内で生産することができず、食事として口から取り入れなければなりません。体内に不足している栄養素を補うために、「無性に○○が食べたくなった」という感覚はだれもが体験しているのではないでしょうか。

すなわち、不足している栄養素を含む栄養バランスが整った食事を口にした時、身体（細胞）は「これが欲しかった！」と喜ぶのです。それが「美味しい」という感情となって表に現れます。

しかしこの「美味しい」感覚を日常において感じることは意外と難しいのです。食べ物を口にした時、舌が受け取る刺激（味覚）がまず優先されます。そして脳のデータベースと照合し、その味の評価を下します。Bのみかんは甘いから美味しいと感じたのはこのためです。

しかし、食べ物が口から消えた（舌で感じる美味しさから解放された）時、身体の奥の方から湧き上がってくる感情に気づくことがあります。私の場合、それは暖かい陽だまりにいるような、やさしい甘さに包まれたとても幸せな感覚でした。これこそが本当の美味しさであり、身体からのアリガトウのメッセージであると感じます。

2. 二つの世界

美味しさを感じる時、脳によって感じる美味しさと身体（細胞）が感じる美味しさの二つがあるとご理解ください。

もう少し大げさに言うならば、私たちは脳によって創りだされた世界と、それとは異なる世界の二つの世界に同時に生きています。

「わたし」という感覚は、唯一のもののように感じますが、「別のわたし」がその裏に隠れています。そしてこの両者は、どちらが正しいという問題ではなく、両者とバランスよく付き合っていくことが重要なのですが、問題は、多くの人が「別のわたし」の存在を見失い、その結果としてバランスを崩しています。

農哲の法則には、バランスが崩れるとそれを取り戻すための力が働くというのがあります。私たちは人生において、崩れたバランスを取り戻そうという力が常に働いて、それが様々な試練となって現れ苦しみます。しかしバランスを取り戻せば、その試練は消えていきます。

図1　二つの世界（菊地佳絵 作）

脳が創り出す世界：独自の世界

バランスを取り戻すには、二つの世界の存在を認識し、両者の違いを理解することが大切です。まずは、私たちのだれもが認識しているこの世界の正体を探りましょう。

私たちが存在するこの世界は唯一の世界のように感じます。そしてすべての人には同じ世界が見えているようにも感じます。確かに海や山、月や虫など私たちに見えている景色は同じです。しかしその同じ景色に、一人ひとりが思考というオブラートを重ね、その人独自の世界を作り上げています。これが「脳によって感じる美味しさ」の世界です。

人類が長い時間をかけて創り上げてきたこの社会は、思考（脳）によって創られました。自然界では見られない特異な現象です。そして新たに生まれた生命は、この社会で生きていくことを強制されます。

生きていくために必死で外から情報を取り入れます。そして、この社会で生きていくために必要なルール（社会性）を身に付けたり、周りの人々と共に生きていくための協調性や柔軟性を身に付けます。

私たちは絶えず新たな情報を取り入れていかなければなりません。それは必要なことですが、問題はそのあとです。その情報の役目が終わったら手放せばよいのですが、その多くは私たちの「内」にゴミとしてとどまってしまいます。そしてその積み重ねによって「独自の世界」が私たちの中に創られます。

私たちが生きていくうえで遭遇する様々な課題（悩み）は、その多くがこの「独自の世界」によって生み出されているのです。

「独自の世界」はあなたが築き上げた価値観や常識です。あなたの思考によって生み出されたものであり、すべての人に共通するものではありません。あなたの価値観は絶対的なものではなく、あなたが創りだした幻想のようなものです。私たちは同じ世界に生きていると感じていますが、一人ひとりが固有の世界を創りだし、別の世界を生きています。

そして「独自の世界」を創りだす過程で、様々な思考のクセも創られていきます。ところでこの「独自の世界」は、後から「心の硬板層」として再登場しますので、覚えておいてくださいね。

思考のクセ

あなたの内にストックされている情報（ごみ）は、過去のあなたが受け入れたものです。ですからそれを否定する新たな情報は、受け入れることに抵抗します。それは過去の自分を否定することになるからで、自分を守るために否定します。絶えず過去の自分とつながりながら判断してしまう、これが一つ目のクセです。

情報は外から取り入れます。私たちの視線は「外」に向かっています。外と自分に境界線を引き、両者を分離して比較してものごとを判断しようとします。自分と他人を比較して自分の位置づけを認識します。分離して認識するというのが二つ目のクセです。さらには比較によって認識しようとします。すなわち相対的な違いだけに意識が向かい、「同じ」であることを認識するのが苦手です。違いだけを認識するのが三つ目のクセです。これらのクセによってあなたの課題は生まれます。それはあなた自身が生み出すものですが、私たちにとって外の世界がすべてなので、課題の原因や解決するための答えを外に探しに行きます。絶えず外に意識が向かう、これが四つ目のクセです。

思考のクセには

・過去（の自分）にとらわれる

・分離して認識する
・違いだけにフォーカスしてしまう
・外に原因や答えを探しに行く
などがあります。

もう一つの世界：中真

もう一つの世界は「身体（細胞）が感じる美味しさ」の世界ですが、それは独自の世界（幻想の世界）の裏に隠れた世界です。そしてその世界には、農哲でいうところの「中真」（前作P64～）が存在しています。「中真」はすべての世界とつながる核のようなもので、すべての人は中真を宿して生まれてきます。ところがあとから取り入れた情報がゴミとなって中真の周りを覆っていったり、思考のクセが中真から発するメッセージを受け取れなくします。その結果、大人になる過程で中真の存在を忘れ去り、思考が創りだす世界がすべてと思うようになり、バランスを崩していきます。

人間の意識には顕在意識・潜在意識・超意識の三つの意識が存在するといわれています。顕在意識は私たちが普段感じているこの意識で、潜在意識はその裏に隠れている意識です。ここまでは「私」という「個」に付随した意識です。そこまでは何となく理解できますが、さらにその奥に超意識があるというのです。超意識は個の枠を突き抜けすべての意識とつながっています。すべての意識が超意識に畳み込まれているのです。中真の正体は超意識です。

中真は、思考のクセとは真逆の特徴を有します。そこにすべての情報が畳み込まれています。生まれた時から中真は内にあるので、探している情報（答え）は外ではなく内（中真）にあります。

全てがそこにあるということは、分離していないということです。それは「ひとつ」として存在し、分離していません。分離していないので比較することもできず、違いを認識することもできません。

さらには、中真には過去も未来も存在しません。過去と未来も時間軸のすべては「今」という一点に畳み込まれています。ですから過去にとらわれることもありません。このように「この世界」と真逆な状態が「もう一つの世界」の姿です。この二つの世界に善悪はありません。コインの表と裏の関係でいつも同時に存在しており、私たちはこの二つの世界を同時に生きています。しかしそのことを忘れ、両者が乖離《かいり》してしまったことが、人生における様々な課題を生み出します。

比較する

その乖離は思考のクセによって生み出されたもので、課題を生み出す原因は自分の内にあります。しかし様々な課題や試練は外からやってくるもので、自分に原因があるといわれても納得できません。そもそも「思考のクセが課題を生み出す」という仮説は正しいのでしょうか。

例えば、「どうして自分だけがこんな目に遭わなければならないのか」と思うことについては、そうではない他人と自分を比較することでそう思います。それはとても普通のことで、それはクセだと言われても、あなたはバカかと言われそうです。

他人との比較は、自分は「何か」と分離しているという分離感によって生み出されるクセのように感じます。しかし人は皆、この世に誕生する時に母から切り離されるという大きな分離感を体験しています。この原体験が根っこにあるので、簡単には消せません。この課題はきっと最後まで残りそうです。でも比較するというクセは後から身に付けたものなので、これを消すことは可能です。

私たちは周りの人を観察します。そのことは別に悪いことではありません。でも観察した次には、「だからあの人は〇〇だ」というジャッジ（評価）を下していませんか。その評価が正しいとしても、それはその人の特徴（課題）であってあなたには関係ありません。その人はそれが理由で大きな課題と向き合っているかもしれません。相談されたら、アドバイスをしてもいいでしょう。でも、最終的には自分で答えを見出さないとその課題は解決しません。あなたが関与できない課題にあなたが評価を下す必要は何もありません。

他人を評価するということは、あなた自身が周りの人からどう思われているかという人の評価を気にしているからです。でもあなたが人からどう思われているかは、あなたには何も関係ないのです。あなたの課題はあなたにしか解決できません。それが夫婦間の課題といった、複数の人間がかかわるものであっても同じです。それを課題だと感じているあなたを救えるのはあなたしかいません。

「どうして自分だけがこんな目に遭わなければならないのか」という気持ちは、そうではない他人を探し出し、その人がうらやましいという感情が根っこにあります。しかし、他人がどんな生活をしていようと、あなたの人生とは全く別物なのです。今のあなたにとって、あなたを救うことだけが重要課題なのです。

自分と正面から向き合うことに集中するために、人からの視線（評価）は受け流しましょう。そしてそのためには、あなた自身が人を評価しないことです。比較することの目的が評価することにあるのなら、評価しないことで、そのクセを消すことができるかもしれません。クセを消した先にはあなたが救われるという現実が現れます。

オンリーワン

比較することをもう少し掘り下げます。

例えば、畑でできたニンジンとダイコンを比較する人はいません。なぜなら意味がないからです。意味のないものを比較してそこに意味を持たせようとしているところに問題が生まれます。

同じ種から育てたニンジンでも、その育て方（農法）で出来が異なります。その場合、出来が異なるニンジンを比較し、その違いが生じた原因を突き止め、育て方を改善していくのであれば、比較することに意味があります。

しかし、ニンジンとダイコンを比較するのは人間とサルを比較するのと同じであり、そんなことはだれもしません。ですが人と人を比較するのは、出来が異なるニンジンを比較するのと同じで意味があるのではないでしょうか。

答えは否です。

あなたがニンジンとして生まれたのであれば、他にニンジンという個性を持って生まれた人は一人もいません。私たちは生まれながらに個性を有しています。個性はオンリーワンであり、個性の違いに良いも悪いもありません。

私たちは、生まれた時から「本来の（あるがままの）私」を有しています。しかし「今の私」はそれとは異なる姿をしています。比較して意味があるのはこの両者を比較することだけです。「今の私」のどこが歪み、その歪みを生じた原因を突き止め、「本来の私」を取り戻していくためにです。

「自分のなすべきことがわからない」といった課題も、「本来の（あるがままの）私」を見失ったことで生まれます。そしてその答えを外に探しに行きますが、そこに答えは見つかりません。

しかし中真には全てが最初から存在しているので、そこには「本来の私」の姿もあります。答えを外に探しに行かなくても、最初からその答えを内に持っていたのです。ですから見失ってしまった中真とつながれば答えもわかります。

さてこの仮説が正しいかどうかは、すべての人が検証可能です。あなた自身が実際に体験してみればわかります。そしてその検証作業は、とても楽しい作業となります。次に中真とつながる方法を考えます。

3. 中真とつながる

全ての人は生まれた時から、その内部に中真を持っています。しかし、この社会で生きていくため、様々な情報を取り込み、それらがゴミや垢となって中真の周りを取り囲み、かくしてしまっています。この壁のような存在を農哲では「心の硬板層」と呼びます。

硬板層は前作（P34～）でも取り上げていますが、大切なポイントですので、再度詳しく見ていきましょう。

中真とつながるには、この「心の硬板層」を取り除かなければなりませんが、そのヒントは自然界（畑）にあります。

畑の硬板層

多くの畑では地面から数十センチ地下に硬板層を形成しています。

硬板層ができると、水やエネルギーなどがそこに滞留し、酸欠状態となってそこは腐敗します。作物の生育には大きなダメージを与えるので、農家は「耕す」ことで硬板層を壊します。しかし、硬板層はすぐに再生してしまうので、繰り返し耕す必要があります。

では硬板層の正体はなんでしょう。農薬や化学肥料といった化学物質が、土の隙間に潜り込み、目詰まりを起こして硬板層となります。ですから、耕すことでこの層を破壊しても、形成している物質はそのまま残っているので、また硬板層は再生してしまいます。

自然農ではこの硬板層を取り除くことから作業を始めます。

自然農では草とどう向き合うかが重要なポイントとなりますが（前作P17〜）、慣行農から自然農に畑を切り替えた時、最初に生えてくる草はセイタカアワダチソウのような、硬くて細長い草です。初期に生えてくる草は土のデトックスを手伝っているように感じますが、硬くて細長い草は、多くの場合地中においても硬くて細長い根っこを下に向かって伸ばします。すなわち根っこの成長で畑の硬板層を破壊してくれるのです。硬板層を突き抜けた草の根はいずれ枯れて、今度は微生物のえさとなります。微生物を硬板層の隙間に誘導するのです。そして硬板層を形成していた化学物質も微生物に食べさせ、その存在そのものを消していきます。

私たちの農法では、この現象を効果的に引き起こすため、光合成細菌（有害物質を好んで食べる微生物）などの微生物を積極的に畑に投入しますが、たとえ人間の関与がなくても自然界は畑の硬板層を破壊していきます。

硬板層の正体は人間によって外から持ち込まれた化学物質でした。それは本来そこには存在しない物質です。農哲には「そこにあってはならないものを消し去る」という法則があります。そして本来の姿に戻していきます。

心の硬板層

心の硬板層も最初からそこに存在していたわけではありません。外から取り入れた情報などが、役目を終えてもそこにとどまり、目詰まりを起こして硬板層となりました。

それは「そこにあってはならないもの」なので、その存在を消し去ろうとします。そのためにその存在を私たちに知らせようとするのが、目の前に現れる課題（試練）

です。その試練をうまく受け止めることができたら、試練を生み出した硬板層にも変化が生まれるので、状況も変化していきます。しかしその試練から逃げ出したら、状況は何も変わらないので何度も何度も同じ試練が目の前に現れます。

心の硬板層を取り除くには、目の前に現れる試練と正面から向き合い、歯を食いしばっても乗り越えていくしかないのかもしれません。私の場合もひたすら試練と向き合ってきました。しかし長く試練と向き合っていると、試練に隠されたメッセージに気づけるようになってきました。より効率的にその試練の目的を終わらせることができるようになってきました。

畑の硬板層は、人間が何もしなくても自然界は自力でその存在を消していきます。しかし私たちの農法は微生物を効果的に投入することで、より短い時間でそれを取り除くことに成功しました。心の硬板層も、人間の知恵によってより効果的に消し去る方法があるのです。

心の硬板層を取り除くためには、二つのことを同時に取り組む必要があります。それは、

・新たな心の硬板層を創りださないこと
・古い心の硬板層を取り除いていくこと
の二つです。

新たな心の硬板層を創りださない

心の硬板層は、その主なものは外から取り入れた情報を手放せずに内に残してしまったために創られます。この社会で生きていくために、情報を取り入れることをやめることはできませんが、必要以上に取り入れないように注意する必要があります。特に外に答えを探しに行くという思考のクセはすぐにでも正したいところです。答えは外の世界にはありません。外の世界と向き合うのではなく自分の内面（中真）と向き合う、この自分の立ち位置を変えるだけで、見える世界は劇的に変わります。必要以上に外に何かを求めることはなくなり、余計な情報を取り込んでしまうリスクが小さくなります。

そして意識は絶えず「今」に集中させることです。今できること、今なすべきことに意識を集中し、それを実行します。実際に「今できること」以外のことは、何もできません。できないことを考えてもそれは思考に振り回されるだけで、エネルギーロスを生むだけです。心の硬板層は「過去の私」そのものです。「過去の私」から解き放すには「今の私」に集中することです。「過去の私」にとらわれることがなくなれば、取り込んだ情報を手放すことも容易になります。今に集中することは、今必要なものだけと向き合うことになり、必要ではなくなった時点で手放すことも容易となります。「過去の自分に縛られる」これも思考のクセの一つでした。このクセも正していきましょう。

古い心の硬板層を取り除く

長年積み重ねてきた硬板層はエゴや見栄といった名前に代わって私たちの内部にへばりついており、今の意識を変えても簡単に取り除くことはできません。エゴや見栄といえば、何とかなりそうな感じもしますが、常識や知識も同類です。これを手放せと言われても、そんなことはできるわけがないとも思ってしまいます。

「古い心の硬板層を取り除く」とは、その下に隠れている「本来（あるがまま）の私」を見つけることであり、「今の私」を変えることになるのですが、自分を変えなければ！　と思い詰めてもいけません。

自分を変えることは実はとても楽しい作業なのです。ですから消せるところから消せばいいし、消せなければそれでも良いと、まずは思っておきましょう。「なんとかしなければ」と思ってしまうとすぐに思考の罠にはまります。

自分を変えようと思うと、変えた後の未来の姿を考えてしまいます。しかしその姿（未来の私）も思考によって創りだされたもので、「本来の私」ではないのです。ですから「過去の私」に縛られてはいけないと述べましたが、「未来の私」に縛られてもいけません。過去も未来も思考が創りだしたものであり、現実は「今」にしか存在しません。今に意識を集中させることは、思考のコントロールから自らを解放することです。

今なすべきことをやりきったら、あとは天に委ねる。

この感覚を自分の中にしっかりと育てていきましょう。そうすれば思考のクセも少しずつ消していけます。

北風と太陽に学ぶ

そうはいっても、「こんな自分は嫌だ！」と強く思っている人がいたなら、「あとは天に委ねる」なんて悠長なことは言っていられません。「消せなければ（変わらなければ）それでも良い」なんて論外です。

でも、自分を変える魔法なんてありません。今の自分にできることは、「今できることをやりきる」以外には何もないのです。今できることに継続して取り組むことが大前提となりますが、その成果を最大限に引き出せる方法が、やりきっても「消せなければ（変わらなければ）それでも良い」という気持ちの持ち方なのです。

それは「こんな自分は嫌だ！」と思っている「今の私」を受け入れることでもあります。「今の私」は「過去の私」によって創られてきました。ですから「今の私」を受け入れることは、「過去の私」を受け入れることです。それは自分と正面から向き合うことで、それは外に逃げないで内と向き合うことです。

「北風と太陽」というお話があります。北風は力ずくで旅人のコートを脱がせようとしましたが失敗しました。でも太陽は、暖かい陽射しを降り注ぐことで、コートを着たままでもいいし（変わらなくてもいいし）、脱いでもいいよ（変わってもいいよ）という選択を旅人に委ねたのです。そして旅人は自らの意思でコートを脱ぎました。「今の私」を受け入れて、「このままでいいよ」と思ってあげることは、このままでもいいし、どこに向かってもいいという「フリーな状態」を自分の中に創りだしてあげることです。そして、このままで良いと思える心境になれたら、既にあなたはもう変わっています。

自分を知る

今の自分を受け入れるには、「自分は何者か」を知ることでもあります。自分のことはよく知っている……かもしれませんが、本当ですか。

自分を知るためには、まずあなた自身が創りだした「独自の世界（硬板層）」の存在を知り、その姿を知ることです。そのために、あなたのネガティブな感情、例えば「怒り」はどこから来るのかを考えてみましょう。あなたを怒らせているのは外の「何か」であって、自分のせいではありません。確かに、自分が怒っている原因となる現象は「外」で起こっていますね。でも、それを受け止めて自分の中に怒りを生みだしたのはあなた自身です。

外で発生した怒りの波動と同じ波動を自らの内に有する時、それらは共鳴して、怒りの感情が生まれます。

内に有する怒りの波動は心の硬板層の中に有しています。ですから様々な感情が湧き起こった時が、自分を知るチャンスでもあります。その感情が沸き起こった原因を自分の中に探します。そしてその存在に気づいたら、そういう自分を受け入れます。その感情の原因は、過去の自分が取り込んでいたモノです。その存在を受け入れることで、手放すことが可能となります。そして硬板層の一部が消えていきます。

感情が動く－原因に気付く－受け入れる（許す）－確認する－硬板層が消える

「受け入れる」次に「確認する」とあるのは、正しく自分が受け入れることができたかどうかをチェックするという意味です。例えば、今まで言えなかった言葉を発してみるとか、できなかった行動を実行してみるなど、確認のための行動を起こすことで、「受け入れる」ことができる場合もあります。

いろいろなケースがありますが、こういう関係を見つけた時、私はとても興奮しました。

そしてネガティブな感情が沸き上がった時、まるでゲームを楽しむような感覚で、心の硬板層を消していきました。

しばらくそれを続けると、周りの出来事に対して感情が動くことが少なくなってきました。するとストレスも小さくなってきて、楽に生きていけるようになってきました。

しかし何かが変なのです。シーンとしていてちっとも楽しくありません。楽ではあっても楽しくないのです。むしろむなしくなってきました。人間が生きていくうえで喜怒哀楽といった感情はやはり必要なのです。心の硬板層を消すという行為は、中真とつながるための手段であり、決して目的ではありません。消した後に何をするかが大切だったのです。

ネガティブな感情が小さくなったのなら、ポジティブな感情を大きくしてあげればいいのです。そのためにも「本当（あるがまま）の私」の姿を知る必要があります。自分を知るとは、硬板層に覆われた「今の私」の状態を知り、その奥に隠れている「本当の私」を知ることです。

中真からのメッセージを受け取る

「本当の私」＝「あるがままの私」は生まれた時から中真に存在しており、いつも「今の私」に話しかけていますが、硬板層がある時はそのメッセージを受け取ることができなくなっていました。でも硬板層が消えた今は、また会話が再開できるようになっています。しかし、「あるがままの私」は言葉で話しかけてはくれないので、会話するにはコミュニケーションツールを身に付けなければなりません。

時には「ひらめき」として直接メッセージを受け取る時があります。しかしこの方法は常に使えるわけではありません。普段は感情を使って話しかけてきます。自分の感情が常にどのような状態にあるかを意識して観察してください。モヤモヤする・イライラする・ワクワクする・穏やかで透き通っている　など、それぞれ自分の言葉で自分の内面を表現できる言葉を見つけてください。次第にどのような感情が自分に何を語りかけているのかがわかるようになってきます。おおむねネガティブな感情は自分の中に改善するべきポイントがあることを教えてくれ、ポジティブな感情は進むべき方向が間違いないことを教えてくれています。

しかしその前に、内に向けた自分のアンテナの感度を上げていく必要があります。感情を波でたとえるなら、海がないでとても静かな状態を心の中に創りだすことです。いろんな波で荒れている状況だと、どんな波が今打ち寄せているのか判断できません。そして「なぎ」は自分の姿勢を正すことで創りだせます。見た目の姿勢を正すこともそうですが、日々の生活を規則正しく過ごすことです。生活の基本動作を続けることです。早寝早起きや整理整頓、掃除や日々の仕事を丁寧に積み上げていくことです。それでもこれは意外と辛いものです。今までおろそかにしていたことは特にそうです。それでも続けていると、その辛さが消えてゆきます。自分にとってその動作が当たり前になるところまで頑張って続けましょう。

自らの内面と日々向き合い、心を穏やかに保ち、感情の変化に気づけるようになれば、あなたは既に「あるがままの私」に向かって変化が始まっています。それは「あるがままの私」と「今の私」との融合が始まっているということです。

以前の自分のように、「〇〇のような自分になりたい」と強く願い、その方向に進むための方策を必死に探し、努力を重ねなくても、あなたは勝手に望むべき方向に向かって歩み始めています。

4．あるがままの私

夢を実現する

そうはいっても自分がどの方向に向かって進んでいるのかがわからないと不安です。自分の夢を実現する方法を考えてみましょう。

まずはなりたい自分を描きます。この時、「なりたい私」＝「あるがままの私」であるかどうかはわかりません。でもこの段階では気にする必要はありません。自信がないから決められないという人もいます。でも決めることが大切です。決めれば進むべき方向や今取り組むべき行動が見えてきます。そして最初の一歩を踏み出します。行動に移さないとわからないことがいっぱいあります。行動して間違ったと気づけば直せばいいだけです。

会社や行政などの組織で作る事業計画などはプランニング（計画づくり）という手法で作られますが、そこでは目標（夢）をビジョンと呼びます。そして次にシナリオを描けと教わります。シナリオとは、ビジョン（ゴール）に向かって進むべき道筋のことです。組織など複数の人間で仕事をする場合は、複数の人間の意識を合わせるためにこのシナリオは必要ですが、個人の人生においてはシナリオを描く必要はありません。シナリオは思考によって創られます。思考にコントロールされ、あなたは思考が描く道しか進むことができません。人間の可能性は思考を超えたところにあります。進むべき道筋は多数あります。どの道を進むべきかは自分を信じて委ねるのです。

またビジョン（自分の夢）も、進むべき方向とそちらに向かって最初の一歩を踏み出すために必要ですが、実際に動き始めたらその夢も手放し（忘れ）ましょう。いつまでもゴール（夢）を意識していると、今がおろそかになるとともに、次になすべき行動の選択で間違います。夢の正体は未来という名の思考なのです。

自分（の内面）と向き合い、今に意識を集中し、今なすべきことをやりきります。私たちにできることはこれしかなく、これが全てです。

次のことが不安になるかも知れませんが、それは「今」に集中できていない証拠です。不安という波を起こしている正体を探りましょう。その正体がわかり、そちらの方が重要と感じたら、今なすべきことをそちらに切り替えればいいのです。

人は実際に行動に移すことで、「あるがままの私」はメッセージ（感情）を発してくれます。車のナビは車を動かすまで何も反応してくれません。車が動き出すとナビも動きます。そしてあなたが動き出したら、「あるがままの私」からのメッセージを受け取りながら必要に応じて修正を加えていきます。そして今なすべきことをやりきったら、次になすべきことが自動的に目の前に現れてきます。これはとても不思議ですが必ずそうなります。それを信じて今に集中し続けましょう。そして最終的にはワクワク感が内面から自然に湧き上がってくる状態を目指します。すると、当初思い描いた夢は既に達成されているか、そのはるか先を進んでいることに気づきます。

さてワクワク感ですが、仲の良い友達と遊んでいる時や大好きなカラオケを歌っている時などに感じる「楽しい」感覚とは違います。この感覚はその行動が終わるとともに消えていきますが、内面から湧き上がるワクワク感はいつまでも余韻として続きます。美味しさには舌の刺激によって脳が判断する美味しさと細胞が喜ぶ美味しさがあると述べました。この両者の違いと同類です。そしてこの本物のワクワク感を感じることができる自分になることが、本当のゴールです。

待つ

今なすべきことをやりきった。そしてそれを続けている。でも自分は一向に変わらない。そういう不安に襲われる方もいると思います。

今なすべきことをやりきったら、あとは天に委ねましょう、と述べました。そして変わらなければ「このままでいいよ」と思いましょう、とも述べました。でも、変わりたいと思う気持ちも大切です。変わるために「待つ」お話をします。

美味しいみかんのお話をしました。そのためにあるがままのみかん作りを目指していますが、様々な農作業を行った後、最後のポイントとなるのが「待つ」ことです。みかんなどの果物は、木成で完熟させると一番美味しい状態となります。ですから収穫時期をギリギリのタイミングまで見定めて収穫します。時期が多少遅くなってもそれほど問題はありませんが、早く収穫してしまうとその実は未熟で持っているもののすべてを出し切ることができません。

ところで慣行農で栽培したみかんは、「待つ」ことができません。ギリギリまで収穫を待つと、浮皮などの果皮障害や過熟して腐りやすくなるといった被害が出ます。ですから早目の収穫を行い出荷します。

慣行農のみかんがなぜ待てないかというと、栄養素のバランスが崩れているからです。バランスが崩れているとどこかに被害が出やすくなります。ちなみに収穫してすぐ出荷するみかんならバランスの崩れはそれほど気になりませんが、収穫してから2か月程度貯蔵して出荷する「蔵出しみかん」は、貯蔵中にみかんを腐らせてしまうと話にならないので、できる限り腐りにくいみかんづくりに心がけます。肥料を工夫したり液肥を散布したりといった取り組みによって栄養素のバランスを整えていくのですが、それでも限界がありみかんを腐らせてしまいます。しかし自然農のみかんはほとんど腐りません（生傷等がついていると腐ります）。栄養素のバランスが崩れた行先は「腐る」のです。

今なすべきことをし続けても自分に変化が現れない時は、焦らず待つことが大切です。行動と結果の間には「熟す」ための時間差が生まれることがあります。待つことは何もしないということではなく、今なすべきことの行動（選択枝）のひとつなのです。

実は「あるがままの私」になるということは、「なりたい私」へと自分を変化させることではありません。形として表に現れる変化にはあまり意味はないのです。あなたの内面が変化することが重要です。「待てない私」から「待てる私」に変わることこそが「あるがままの私」になることです。今なすべきことをしたからといってその結果に意味はありません。「すべての結果を受け入れる」という自分になった時、あなたは既に「あるがままの私」になっています。そしてあなたの内面が変わると、あなたの表情や雰囲気にも変化が現れます。そしてあなたに引き寄せられる周りの人々にも変化が生まれているはずです。

今なすべきことをし続けても結果が現れないことに不安を抱く時、あなたの内面のバランスがまだ整っていないことを教えてくれています。ですからもう一度内面のバランスを整えることに意識を集中させましょう。基本動作に立ち戻ることが結局一番の早道となります。焦ることはありません。一つひとつの行動の積み重ねが、あなたの内面を確実に変えていってくれます。

5．事例で考える

ここまで自分を変える方法を述べてきましたが、全体的に抽象的な表現が多く、ピンと来ないかもしれません。事例を紹介しながら復習してみましょう。

自然農での失敗

私たちが実践する自然農への注目が高まり、多くの若者が自然農の世界に飛び込んできてくれるようになってきました。それはとてもうれしいことですが、その一方で多くの若者が挫折も味わっています。自然農を学んだりサポートしてくれる環境も整ってきました。ですから始める時のハードルは低くなってきています。

しかし、始めた時はうまくいったのに、徐々に厳しい現実が現れてきます。うまく作物ができなくなった・一向に収量が増えていかない・病気や害虫で作物が全滅して

しまった　など様々な試練がやってきます。

最初に教わった通りに実践しているのにどうしてうまくいかなくなるのか。いったいどうしてよいのか途方に暮れます。

自然農に取り組んでいる人たちと話をすると、「○○してはいけない」という話をよく耳にします。肥料を入れてはいけない・耕してはいけない　などです。しかし、そのようなタブーを設けていくことが自然農なのでしょうか。自然農はマニュアルで行うものでしょうか。

世の中に伝わる自然農法は「誰か」の成功事例でしかありません。しかし畑の環境は多種多様です。教わった通りに実践することは、誰かの人生をなぞっているだけです。自分は自分の人生を歩まなければなりません。そのためには、あなた自身が畑と向き合い、作物の声を聴いて、今なすことを自分で決断して実践していくべきなのです。

失敗する一番の理由は「教わった通りに実践している」ことなのです。

教わったこととは外から取り入れた知識です。その知識は始める時には重要でした。何も知らない世界、それは真っ暗闇の中に放り出された世界でもあります。そこをいきなり歩けと言われてもとても怖くて最初の一歩が踏み出せません。ですから外から知識を取り入れ、足元に薄明かりを照らします。だから歩き始めることができました。

しかし、一歩を踏み出した後は、その知識は硬板層に変わっていくのです。自分が畑と向き合い、畑からのメッセージを受け取ろうと思っても、その邪魔をするのです。

作物の声を聴く

畑のメッセージに耳を傾け、今作物が何を求めているかを感じ、今なすべきことに意識を集中させてそれを成し遂げる。これが自然農の基本です。行動にタブーを創らず、自分が感じたことを信じて、柔軟に対応していきます。自然農とはどこかに書かれた自然農法を実践することではなく、農と自然体で向き合うことです。

では作物の声はどうやって聴くのでしょう。作物を観察していると、葉っぱが萎れている・色が少し変・虫に食われている・成長が遅い　など色々な情報が得られます。おなかがすいていると言われたら、ご飯をあげるべきなのです。今何をするべきかは、外のマニュアルに求めるのではなく、その答えは自分の中（中真）から引き出さなければなりません。「〇〇してはいけない」というタブーがあると、答えにふたをしてしまって、本当の答えを引き出せません。

自然界は、すべてをバランスが整った方向に導こうとします。その答えは既にあります。そして中真はそれを知っています。すべての答えは自分の内（中真）にあります。しかしその答えに気づくのを邪魔しているのが「思考」です。

ちなみに、この時自分が出した答えが間違っているかもしれないという不安に襲われることがあります。農業の場合、それが正しかったかどうかはいずれ答えが出ます。しかし、答えが出るのに時間がかかる場合もあります。

そんな時は、今できることを行動に移して、心の内の感情の揺らぎを観察します。今なすべきことをやりきっても、まだ心にモヤモヤを感じるなら、まだ何かやるべきことが残っています。そして心がスッキリとした感覚になったら、できることはやりきったというサインです。

しかしそれは、結果を保証するものではありません。特に農業は災害等で一夜にしてすべてを失うようなことも起こります。でもなすべきことをしていたのなら、それも仕方ないと受け流せる強さが身につくのです。

今なすべきことをやりきるというのは、その結果がどのようになってもすべてを受け入れる強い自分を育てることです。

6. 知識と知恵

話を戻し、「教わった通りに実践している」ことがどうして悪いのかもう一度考えてみましょう。どうして知識が私たちの足を引っ張るのかも不思議です。ここでは、外に学び内に取り入れた情報を「知識」、内なる中真から引き出した情報を「知恵」と呼ぶこととします。両者はとてもよく似ていて、その内容を活字にすると区別がつきません。しかしその本質は大きく異なります。

知識も最初は誰かの知恵としてこの世に生み出されました。そしてそれを生み出したプロセスは忘れ去られ、その結果だけが広がります。自然農のところでお話ししたタブーも大切な情報です。きっとそれを実行すると失敗するので、タブーとして知識

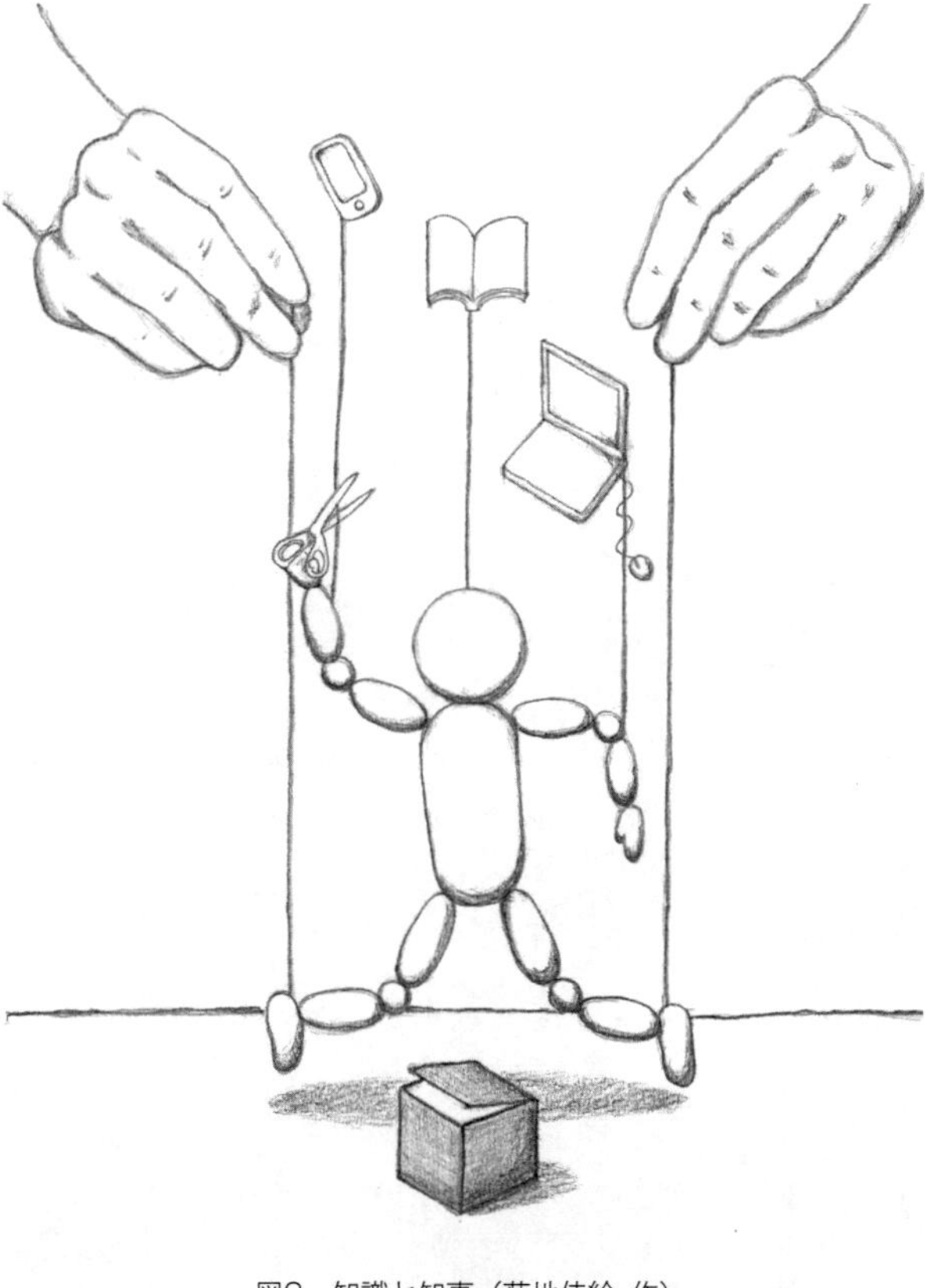

図2　知識と知恵（菊地佳絵 作）

が引き継がれてきました。しかし失敗の経験は忘れ去られています。ですからその知識を応用できません。

だったら、その失敗を自ら体験すればいいのです。失敗するのがわかっていて実行するバカはいない！　かもしれません。でもその先に進みたいのであれば、やはりチャレンジするべきです。

タブー

例えば「土は耕すな」というタブーには理由があります。土の中は人間の内臓と同じ役割をしています。土の表面は胃の役割を担い、土の中は腸です。そして深さによって小腸から大腸へと役割は変化します。土の中には秩序があります。それを無視して土の中深くに生のモノ（草など）がすき込まれると、胃で処理（分解）されずに未消化のものがいきなり大腸に送り込まれるようなものです。それは本来「そこにはあってはならないモノ」となるので、それを消し去ろうと自然界は虫や菌を送り込み病気が発生します。

このタブーが生み出された本当の理由は知りませんが、このような失敗体験がその裏に隠されていたとして、この失敗を体験することで「土は耕すな」という知識は

「土の中の秩序は乱すな」という知恵へと進化（深化）します。すると目的に応じて、浅く耕そうとか、耕す前に表面の草は取り除こうといった応用がきくようになります。

知識そのものは何も悪くありません。知識ととことん向き合えば、それは知恵へと生まれ変わります。

知識の暴走

しかし知識ばかりをため込んで心の表層を固めていくと、それが硬板層となるのです。そういう人は自分の内に築いた知識が正義となるので、それと異なる意見は受け入れられなくなります。受け入れないだけならまだよいのですが、あなたが間違っている！　と攻撃します。ため込んだ知識が人格を持ち、自分を守るために暴れているように感じます。

でもそれは本当のあなたではありません。あなたは本当は優しい人です。知識という怪獣に飲み込まれてはいけません。

他人の言葉が内に入ってこないのは、そこが既に不要な知識で埋め尽くされてその余地がないからです。本当の自分を取り戻すために心の中にスペースを作りましょう。リリースする（手放す）のです。最初は小さなことから始めればいいです。そして小さなスペースが生まれれば、そこに新たなエネルギーが入ってきます。すると硬板層が緩んでくるので手放すこともたやすくなってきます。

自分にとってとても大切だと思う知識も手放します。そこに例外を作ってはいけません。本当は不要な知識でも、どこかで必要だと思っていたから手放せなかったのです。ですから例外なくすべてを手放すと覚悟しましょう。怖いですか。怖いと思います。でも大丈夫です。その知識があなたの中に入ったという痕跡は残るので、あなたにとって本当に必要な知識ならば、必要になった時に知恵となってあなたの中によみがえります。人間の可能性は無限です。あなたの無限の可能性を信じましょう。

ところで常識も硬板層の一部だと述べたのですが、知識と同様の側面を持っています。常識そのものは決して悪いものではないのです。自分の行動を律するために必要です。しかし常識を外に向けてはいけないのです。外に向けると比較します。常識の外に非常識という世界を作ります。そして「あなたは非常識だ」と他人を攻撃してしまうのです。

常識も知識も自らのために活用するものであって、外に向けるものではありません。

二人の指導者

さてここでクイズを出します。

二人の指導者がいます。二人とも語っている内容はほぼ同じで、それは真理に基づいた正しい内容だとします。しかし一人は知識を語り、もう一人は知恵を語っています。この二人には行動にどのような違いが出てくるでしょう。そして誰もがこの二人を見分けることができるのですがその方法とは何でしょう。

二つ目の答えから見てみましょう。例えば二人にこんな質問をしてみます。「あなたの語る内容にとても感銘しました。私はあなたを信じてよいでしょうか」なんか宗教みたいになってきました〜〜（笑）。

さて知識を語る人は「もちろん私を信じてください！」と答えるでしょう。しかし、知恵を語る人は決してそのような答えはしません。もしかしたら「わたしを信じてはいけません」と答えるかもしれません。なぜなら、その人の語る知恵は、聞く人にとっては知識でしかないことを知っているからです。知恵と知識の違いを認識しています。自分にとっての知恵は自分で見つけるしかないので、真の指導者は「わたしを踏み台にして前に進みなさい！」というと思います。ですから一つ目の答えは、指導する対象を自分の後ろに位置づけて自ら先頭に立って彼らを引っ張っていこうとするか、自分の横に同列に位置づけ自分の前に出ていくのを助けようとするかの違いです。

正しいことを語っていても、それはその人が真の指導者であることを証明することにはなりません。でも真の指導者でないからと言ってその人が偽物だということでもないのです。ややこしいですね。人は絶えず変化します。人は知識を語ることから始めるので、だれもが通る道なのです。ただ未熟であるだけです。未熟は偽物ではありません。ですから自分が未熟であることに気づきそれを受け入れていれば、知識を語ることに問題はありません。しかし未熟である自分を受け入れず知識を振りまわす人は偽物です。

あなたは周りの人から、先生とか知識人とか呼ばれていませんか。それは必ずしもほめ言葉とは限りませんので注意しましょうね。

知識と知恵の違いを理解することはとても大切です。そしてここでつまずいている人がとても多いのです。その結果自分が苦しむのは仕方ないことです。しかしそういう人は周りを巻き込んでしまいます。

知識そのものは中立です。善悪はありません。その知識が呼び水となって、中真から知恵というエネルギーを放出する発酵モデルに進むのか、知識を振りかざし周りからエネルギーを奪い取る腐敗モデルへと進むのかは、あなた次第です。

7. 今生で何を目指すか

ここまでお話ししてきたことは、実はとてもシンプルです。

・外の世界に答えを求めるのではなく、内に意識を向けよう（中真とつながる）
・過去や未来にとらわれず、今に集中しよう（今、が全て）
・今できることをやりきろう（行動する）

これだけのことをやりきれば、「あるがままの私」へと変化していきます。

では「あるがままの私」とはいったい何者でしょうか。

私たちの実践する農法は、あるがままのみかん・あるがままの作物を目指したものです。決して特別な農法で特別な作物を目指しているわけではありません。本来その作物が持っている特徴を100％引き出してあげることです。「あるがままの私」とは、自分の個性が100％発揮されている状態です。するとオートマティックな人生を歩み始めます。

自然界では絶えずエネルギーが流れ続け循環しています。そしてどこかでエネルギーの流れがせき止められると、バランスが崩れ様々な障害を引き起こします。硬板層はエネルギーをせき止める壁でした。これを取り除くことで本来の流れを取り戻します。

オートマティックな人生はエネルギーが絶え間なく流れ続けている状態です。ですから、今なすべきことをやりきると、次に新たなエネルギーが流れ込んできます。今なすべきことがエンドレスでやってきます。すること（仕事）はどんどん大きくなっていきますが、ストレスフリーとなるので結構楽です。しかし、自分の意志で取り組んでいるのかどうかがわからなくなる時もあり、大いなる存在の操り人形になっているような感覚もあります。

このような状態になると夢は勝手に実現していくとも述べました。しかし皆さんが思い浮かべる夢はいったいどんな夢でしょう。有名人になりたい・お金持ちになりたい　といった夢かもしれません。であるなら必ずしも実現しない夢もあります。

例えば「お金持ちになりたい」というケースを考えます。お金の動きもエネルギーです。ですからスムーズにエネルギーが流れていれば、必要なお金も集まってきて、お金に困ることはなくなっていきます。しかし、必要以上のお金が流れてくることもありません。ですからお金持ちにはなれません。お金は「持つ」ものではなく「流す」ものです。そして流す先（使い道）に注意すれば、それは必ず帰ってきます。

このような人生を平凡と感じるか、エキサイティングと感じるかは人それぞれです。せっかく生まれてきたのだから、もっと野心的なことにチャレンジしたいと思ったらそれもまた人生です。魂は経験することを望んでいるので、そういうチャレンジも大歓迎です。しかし、エネルギーの流れを操作する側面があるので、そこには課題もセットでやってくることを覚悟しましょう。

そして自分の魂に傷をつけるようなチャレンジだけはしないようにしましょう。

作物は食べられることで自分の使命を果たすように、自然界では、すべての生命は他の生命に貢献するために生きています。命のバトンこそがすべての生命が生まれる唯一の理由です。人間も、その法則に逆らうことだけはしてはいけません。

自らの内面と向き合い、内から外にエネルギーを放出する、周りにエネルギーを分け与える、そんな生き方を目指してください。発酵モデルで人生を歩めば、どんな野心的な夢であってもいずれ実現する時が来ます。しかし周りからエネルギーを奪う行為は魂を傷つけます。それは腐敗モデルです。腐敗モデルは絶えず拡大していかないといけないので、必ず終わりが来ます。そこまで進むと滅亡しかないのです。

地球を救う

私は農業を始めて10年になります。畑の草を刈り続けると植生は徐々に変化していきます（前作P17～）。しかし、数年前から草の様子が一変しました。「草が暴れる」ようになったのです。以前の草が突然復活したり、全く見たことのない草が生えてきたり、草を何度刈ってもすぐに成長したりといった現象が起こるようになりました。

これまでとは異なるエネルギーが地球から放出され、それに反応しているように感じます。その現象は自然災害等の異常気象が頻繁に発生してきた時期と重なります。自然災害等の発生は、地球規模でのバランスが崩れそれをとり戻すために起こっています。そしてバランスを崩したのは人類です。今起きている自然災害は天災ではなく人災です。

今日の社会は「マクロ経済」など、「マクロ〇〇」と呼ばれるモデルが基本となっています。この「マクロ」が曲者で、規模を拡大して成立するモデルは腐敗モデルです。限界まで進むとあとは滅亡しかないモデルなのです。大きくバランスを崩して元に戻れなくなったものは、自然界では存在そのものを消し去ろうとします。過去の文明はこの法則によって滅びてきました。そして今、私たちにもその現実が目前に迫っています。

では、どうしたら回避できるのでしょうか。

私たちは必死にその答えを探していますが、政治家も科学者も思考ではその答えを見いだせずにいます。また答えが見つかったとしてもそれを実践するだけの時間は残っていません。

唯一残された選択肢は、個人の場合と同じで、人類も中真とつながることでバランスを整えていくことです。それは腐敗モデルから発酵モデルに一気に転換することです。

ではその時、私たちに何ができるのでしょう。やはり「今なすべきことをなす」しかありません。一人ひとりが「あるがままの私」を発見して自分の個性を光らせることしかないのです。でも、一人ひとりから放出された個性の光は他の光と共鳴して、光の強さを増します。出会うべき人は共鳴し合って勝手に引き寄せられていきます。そしてチームプレイで発酵を始めるのです。発酵はチームプレイで行われます。しかし個々の菌は自分の仕事をひたすら遂行するだけです。

夢のところで「野心も良し！」と述べましたが、実は私にもちっぽけな野心があります。それは「私がこの世界を救うのだ！」という野心です（笑）。でも今の私にできることは、あるがままのみかんを育て、そこで学んだことを文章に起こし、みかんとメッセージをセットにして一人でも多くの人のもとに届けることです。

みかんひとつはとてもちっぽけですが、みかんの味の違いが感じられるようになると、他の食べ物の味の違いも感じられるようになります。そして食に対する意識が変わると生活の意識も変わり、今まで見えていた世界の景色も変わります。

たった一個のみかんが引き金となって一人の人間の意識が変わり、地域が変わり、日本が変わり、世界が変わる。それが私の夢です。そのために今の私ができることは日々畑と向き合うことです。

そしてこのような活動を続けていくことで、同じ野心を持つ多くの人たちとの出会いが生まれています。一つひとつの小さな渦が統合して大きな渦に成長していく可能性を感じています。しかし、そのような現象を引き起こすには「共鳴」が必要不可欠となります。

「今の私」と「あるがままの私」を結ぶために感情というコミュニケーションツールを活用したように、異なる人々の意識を共鳴させるためにもやはりコミュニケーションツールが必要なのです。

私は「農哲」こそがそのツールとなりえると信じています。

ですから決して精神論や概念論ではなく、「科学的」な表現を用いることに留意しています。そして「農体験」をそのベースにおいています。それはだれもが体験可能なフィールドだからです。

今のあなたが既に、「あるがままの私」と出会えたとしたら、これからの人生が本当の人生かもしれません。今までの人生も大切です。しかし、生まれる時に誓った願いがまだ実現していないとしたら、それを実現するのは「これから」です。ワクワクな時を重ね、オートマティックに生きることで、あなたの個性が最大限に発揮されます。

前作や本作が一人でも多くの人の手に渡って「農哲」というツールが広がることを願うとともに、あなた自身がワクワクする人生を歩んでくれたなら、私たちはきっと大きな渦の中でともに歩んでいるでしょう。

その日が来るのを楽しみに、「今」を全力で生きましょう！

8. おわりに

私がまだ三歳の頃だったと思います。「わたし」というこの感覚がいったいどこから来たのだろうと思っていました。自分の記憶を辿って行ってもまだ今生での記憶がほとんどない頃でしたから、すぐに記憶がなくなりその先は真っ暗闇なのです。真っ暗闇の世界から突然この世界に放り込まれたという感覚です。ということは自分が死ぬということはあの暗闇にまた戻っていくということです。そのことが怖くて怖くてよく大泣きしていました。でも両親は私が泣いている理由がわかりません。きっと困っていただろうと思います。

その恐怖はきっと大いなる存在から何もわからないこの世界に一人ぼっちで放り出されたという分離感だったのでしょう。三歳の男の子が死を考え、こんなことで悩んでいました（笑）。

大いなる存在はその頃は真っ暗闇で何もない世界と感じていましたが、それはきっと暖かくて光に満ちた世界に違いありません。でなければ光のあるこの世界に生まれてきたことは分離感だけではなく喜びも伴っていたはずです。でもあの頃は意味もなく悲しかったのです。

今あらためてこの肉体が役目を終えた後（死後）、この意識はどこに向かうのだろうと思います。農哲的に考えるなら、それは生まれたもとに帰り元の存在と一体となります。

元の存在（大いなる存在）が神様でしょうか。そして神様のもとに帰り一体となるということは、それは私の魂が神様に食べられるということではないでしょうか。なんか変な表現ですけど（笑）。

そうであるなら、私の人生はこの「私という名のみかん」を飛び切り美味しいみかんに育てることではないかと思います。そして最後のその瞬間に、「なんて美味しいみかんだ！」と神様に満面の笑みを浮かべさせてやろう！　それが実はもう一つの私の野心です。

ところで1章で紹介させていただいた、「オートマティックに生きる」という生き方は、私が実践する生き方です。そして自力でこのスタイルを見つけ出したと思っていました。しかし、私は幼い頃からお手本となる生き方を身近に見てきたことに最近気づきました。

それは両親、特に母幸子の生き方でした。私は親の背中を追いかけていただけだったのです。

母は平成29年10月3日に永眠しましたが、その時の様子をまとめた文章が産経新聞朝刊「夜明けのエッセー」に掲載されました。

最後にその文章を紹介させていただきます。ありがとうございます。

生ききる

「オートマティックな人生を歩みたい」それが私の願いである。志を持ちつつも、普段はそれを忘れて目の前のことに全力で取り組む。すると次に取り組むべきことが自動的に目の前に降りてきて、それに取り組む。その結果最短コースで志が現実となっている。「今」に集中することでロスが消え、完璧な状態が生まれる。そんな生き方を母から学んだ。

母の人生は波乱万丈であった。負けず嫌いの母は人の何倍も働いた。大病にも何度も襲われたが、その都度奇跡のように生還した。人は「気力で生きる人」と呼んだ。

昨年、「父を家で見送る」という願いをかなえた。今年は、自分の手で父の一周忌と初盆を挙げてあげたいという願いもかなった。そのころから急に衰弱していった。

9月に入り栗の収穫で忙しくなると、「忙しい時には逝けんな」といい、「次にみかんの収穫が始まるからまだまだ逝けんよ」と答えた。10月には米寿を祝う会を持ち、遠方から孫たちも集まった。会いたい人たちと祝いの花束に囲まれ、母は昏睡状態となった。二日後、私と妻が母を囲み、少しずつ弱まる息を感じながら、思い出話をし、母の息子でいられたことに心から感謝し、あなたのことが大好きだと伝えた時、それまで反応のなかった母の眼に一粒の涙が溢れ静かに息を引き取った。栗の収穫が終わり、みかんの収穫が始まる一瞬のすきを母につかれた。そこに悲しみはなかった。

母のような逝（生）き方をしたい。

（産経新聞　朝刊　2017．12．6掲載）

＊＊ちょっと休憩1：日本農業遺産＊＊

私の住む下津（和歌山県）が平成30年度に日本農業遺産に認定されました。認定されたのは「下津蔵出しみかんシステム」で、まさしく私が実践している農業です。

日本農業遺産という言葉を初めて聞く方が多いと思いますが、農水省資料（日本農業遺産）によると、

『日本農業遺産は、我が国において重要かつ伝統的な農林水産業を営む地域（農林水産業システム）を、日本農業遺産の認定基準に基づき、農林水産大臣が認定を行う制度です。

現在、15地域が日本農業遺産に認定されており（令和元年6月現在）、多様で地域性に富む伝統的な農林水産業が受け継がれています。』

と書かれています。また、同資料において「下津蔵出しみかんシステム」は以下のように紹介されています。

『和歌山県海南市下津地域は、約１９００年前、みかんの祖となる橘が植えられたことから、日本のみかん発祥の地とされています。

当地域は、ほとんどが急傾斜地であることから、独自の石積み技術により段々畑を築き、みかんを栽培し、急傾斜地等では、びわを栽培してきました。
また、みかん園内に土壁の蔵をつくり、自然の力で甘味を増す「蔵出し技術」を生み出しました。
さらに山頂や中腹に雑木林を配置することで、水源涵養や崩落防止などの機能を持たせるとともに、里地・里山の豊かな生物多様性を維持し、持続性の高い農業システムを構築しています。』

実はこの日本農業遺産に先駆けて世界農業遺産という制度があり、そこには日本から11地域が認定されています。その後、日本独自の制度が立ち上がり、現在は日本農業遺産に認定された地域でないと、世界には進めない仕組みとなっています。

私はこの認定に向けた活動の期初から、日本農業遺産推進協議会委員として活動に参加させていただきました。自ら住む土地の歴史を紐解いていく作業はとてもワクワクする活動でした。このような立場から前出の紹介文を補足させていただきます。

1900年前にみかんの祖となる橘を日本に持ち帰ったのが、天皇の命を受けた田《た》道《ぢ》間守《まもり》で、その後みかんの神として橋本神社に祀られます。みかんの神は全国でこの下津にしかありませんが、今は各地に分祀されています。その後、江戸時代となって、紀州（和歌山）に徳川家が入り、新たな産業を起こすため、橋本神社の周辺の農家にみかんの苗木の試験栽培をさせます。これがみかんの商業栽培の本格的な始まりとなります。栽培研究の結果、紀州はみかん栽培に最適であることがわかり、増産させた結果、すぐ隣の有田地域に巨大なみかん産地が出現します。有田の方が下津より品質が安定して生産量も多かったことから、下津のみかんは窮地に追い込まれますが、蔵出しという技術で出荷時期をずらすことで共存の道を見出しました。みかん船で有名な紀伊国屋文左衛門も下津の港から出航しています。

歴史を語ればまだまだ長くなりますが、認定に向けて最後のハードルとして出てきたのが環境保全型農業でした。地域には多様な自然も残されていますが、農法自身が環境保全に貢献しているかという視点です。私は自然農法も減農栽培も実践しており、そういう仲間も複数いて、地域にはそんな畑が点在しています。しかし地域全体を環境保全型農業に転換するのはすぐには不可能です。そこで思いついたのが貯蔵性に着目することでした。蔵出しみかんとは貯蔵みかんのことで、貯蔵している間にみかんを腐らせてしまっては何をしているかわかりません。しかし自然農のみかんは腐らない。各農家は環境保全型農業を推進してきたわけではありませんが、農薬はできる限り減らした方がみかんの保存性が高まるということを体験的に知っているのだと思います。調べれば他の地域より農薬使用量も少なくなっていました。すなわち、蔵出しみかんと環境保全はとても相性が良いということです。研究事例がまだ十分ではないので、そこまで明確に主張はできませんでしたが、今後そのメカニズムを明らかにし、広めていくことで、環境保全型農業は地域に広がっていくと期待しています。

10年前に下津に帰ってきた時、子供の頃は気づかなかった下津の魅力が沢山あることに気づきとても嬉しくなりました。そして一人でも多くの下津のファンを育てていこうと、様々な活動に取り組んできましたが、「日本農業遺産」の話が持ち上がった時、「その手があったか！」としてやられた気分になりました。高い競争率をかいくぐり、何とか認定されるところまで行きましたが、認定されてからが本当の勝負です。これまでの遺産に頼るのではなく、未来に残せる遺産を今の私たちがこの地に刻んでゆきます。

第2章　農哲紙上ライブ

本章は、2019年の3~7月に各地で開催していただいた「お話し会」の記録です。引き続きお楽しみください。

前半　あるがままの私を見つける

みなさんこんにちは。

今日は「農哲副読本」として制作した冊子（以下、「1章」と呼ぶ）の内容を中心に「お話し会」を進めます。

農哲の法則

まず「農哲」という言葉ですが、これは、『農から学ぶ哲学　宇宙・自然・人すべては命の原点で繋がっていた』（以下、「前作」と呼ぶ）を短く表現した言葉です。自然界や畑と日々向き合っていると、そこに現れる現象の奥にはいくつかのシンプルな法則が横たわっていることに気づきます。どのような現象を見つめ、そこからどのような法則を見出していったのか、その体験を読者にも疑似体験していただく、そんな作品です。

そして「農哲」の最大の特徴は、そこで示された法則が正しいかどうかを、だれもが自分で検証することができるという点です。どうやって検証するのか。もちろん農作業を体験することです。でも、半年とか1年とかは続けないと見えてこないかもしれません。

二つ目の特徴は、そこで示された法則は相似形ですべての世界に貫かれていること。人間が創りだしたこの社会や、目には見えない意識の世界、さらには私たちの心や身体にも貫かれています。ですから農作業は無理という人には、自らの身体を使って検証することができます。

前作は農業を取り上げていますが、決して農業の本ではなく、前作で習得した法則で身の回りの出来事を見渡せば、その出来事が法則にのっとっているかいないかが見えてきます。前者が本物で後者が偽物です。そして偽物を見抜く力を身に付ければ、偽物を本物に転換できるポイントがどこにあるかも見えるようになります。

こんなことができるようになったら人生がすごく楽しくなると思いませんか。そう思ったら早速実験です。自分を実験台にして、自分を変えることから始めましょう。すごくワクワクする人生があなたを待っています。

あるがままの私

私という感覚は、今皆さん全員が感じていますよね。そしてこの部屋の空間に一緒にいます。この部屋の中にいる私が唯一の私のように感じます。私たちはこの見える世界に生まれて、そこから様々な刺激を受けながら、私という人格が育ってきたように感じます。

しかし1章で述べたように、ニンジンは生まれた時からニンジンです。私という個性は生まれた時からすでに完成しており、それを「あるがままの私」と表現しました。しかし、この社会で様々な経験をする中で、「私」は分離し、「あるがままではない私」が形成されていきます。1章では「もう一人の私」＝「あるがままの私」といいましたが、実は「もう一人の私」＝「あるがままではない私」＝「この私」だったのです。

生まれた時から私という個性は既に完成しているというのは、農哲的に考えるとそうなるのですが、それはあくまで仮説です。ただ、その仮説が正しいとして、生まれた時には自分がこうなりたいという正解を知っているのに、なぜ多くの人々がそこから少しずつ離れて、「あるがままではない私」になっていくのでしょう。最初からまっすぐにゴールを目指せばいいはずなのに……。

私たちがこの物質世界に生まれてくる理由は、この世界でしか体験できないことを体験するためです。魂がやってきた世界（生まれる前の世界）のことは、私は覚えていないのだけど、それは物質世界ではないことは間違いなく、そこは多分波動の世界なので、すると願い事はすぐに現実化してしまいます。このことは後でお話ししますが、この物質世界でしか体験できないこととは、「思い通りにはいかないこと」だと思います。そして「私」が分離していくことによって、思い通りにはいかないたくさんの出来事を生み出します。その多くが試練ですが、試練はこの世界でしか体験できません。試練こそが私たちの魂が体験したいことだったのです！

もう一つ考えられる理由として、「あるがままの私」がとても素晴らしいことを実感するためです。生まれた時から持っている私という個性がとても素晴らしいものであることを実感するためには、「あるがままではない私」を堪能しないと見えてきません。

1章をいろんな人に読んでもらったのですが、一読しただけでスッと理解してくれた人の多くは、多くの試練を乗り越えてきた人、「あるがままではない私」を堪能して来た人たちでした。でも、「あるがままの私」と「あるがままではない私」のどちらが正しいかというと、そういう問題ではありません。どちらを選択しても一つの人生です。まだまだ沢山の試練を体験したいと思えばそれでいいし、それを卒業してワクワクの人生を歩みたいと思えばそれでもいいのです。

でも皆さんは、「あるがままの私」が自分の内面に存在しているということを知ってしまった。それを知ってしまった皆さんはどちらを選択しますか？　一度見失ってしまった「あるがままの私」を見つけて、「今の私」と一体となり、新たな人生を歩み始める、そんな旅を文章にしたのが1章です。

1章は最初、「農哲副読本」という位置づけで書き始めました。すなわち、前作を既に読んでいる人が、そこで学んだ法則を活用するための事例の一つとして書き始めたのです。ところが実際に1章を読んでもらうと、別に前作を読んでいない人にでもごく自然に受け入れられました。1章だけがどんどんひとり歩きを始めたのです。これはうれしい誤算でした。ですから「お話し会」を始めた当初は、随時法則の説明も入れていったのですが、今回はそれをしません。もし気になるところがあったら、あとでゆっくりと前作に目を通してください。（本書の付録でその概要を紹介しています）

心の硬板層を消す

さて、見失った「あるがままの私」はいったいどこにいるのでしょうか。それは外を探してもどこにもいません。「あるがままの私」は生まれた時からずっと心の中にいます。ところが「私」の成長とともに、「あるがままの私」の周りを「心の硬板層」が取り囲み、その姿を隠してしまいました。「心の硬板層」は生まれた時には存在しませんでした。成長（経験）とともにその副産物として心の中に生み出したものです。ですから取り除くことは可能です。そして取り除けばそこに「あるがままの私」が見つかります。そして「今の私」と一体となれば、「私」が分離したことで生み出していた人生の試練は消えてなくなります。

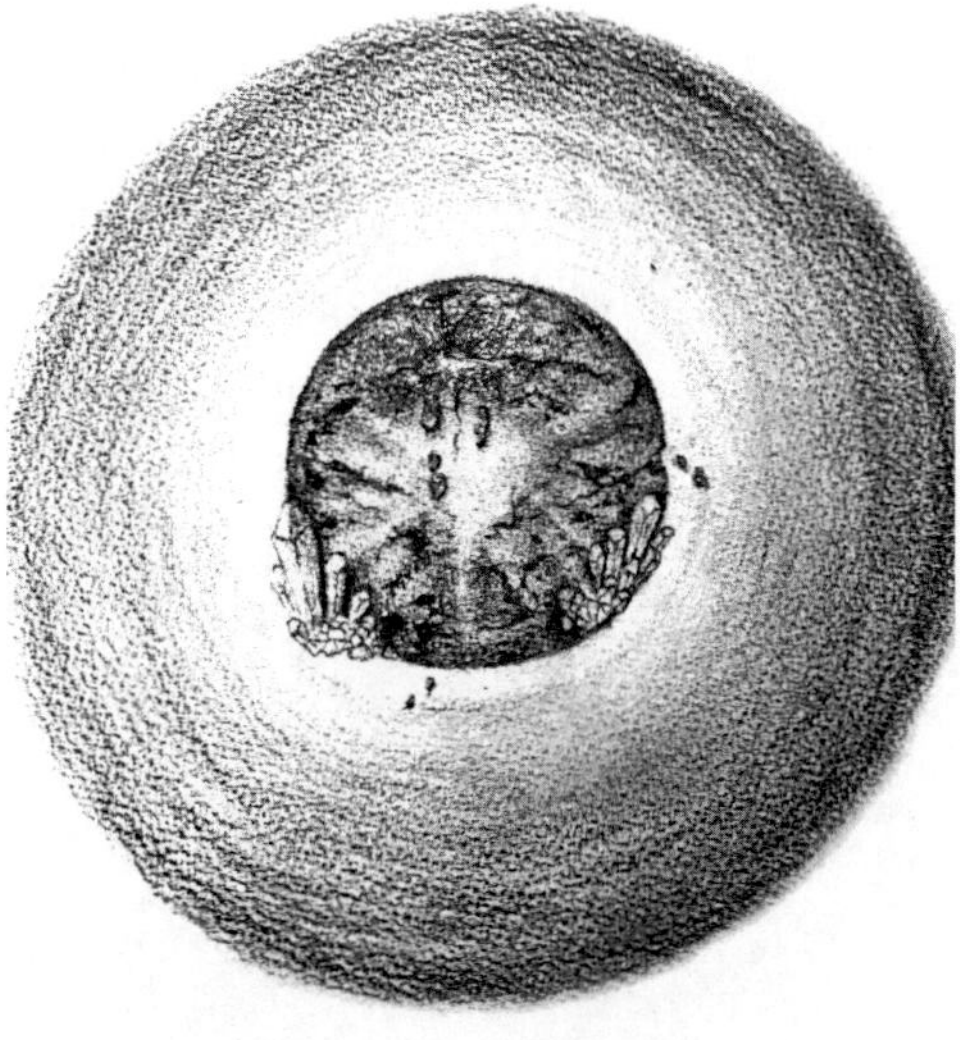

図3　心の硬板層（布久保麗奈・新谷はるか 作）

私たちの心は、誰もが「硬板層」という名の衣をまとっています。その衣は様々ですが、心が発する暖かい光は、衣の外までいつも照らしています。

なんか一気に話が怪しくなってきましたね。人生、そんなに簡単にいく……わけがありません。

私たちは体験するためにこの世界に生まれてきます。体験こそが人生の宝であり、唯一肉体がほろんだ後も魂が来た元の世界に持ち帰ることができる財産です。ですから「あるがままの私」を探し出し、二人の私が融合し、新しい私が生まれるなんて、人生のクライマックスですよね。ここは時間をかけてじっくり楽しむところです。焦らず少しずつ、新しい自分が生み出されるそのプロセスを楽しみましょう。

さて、1章では「心の硬板層」を消す方法を紹介していますが、そこで紹介した方法はいくつかある方法の一つでしかありません。そして「心の硬板層」の正体として、外から取り込んだ情報などを例示していますが、いろんな人のお話を聞いていると、一番厄介な存在には、その人が生まれ育った家庭環境や、幼い頃の虐待といったネガティブな体験などがあることに気づきました。そしてこれらの出来事は、記憶としては既に忘れ去られていて、その存在に気づくのがとても難しくなっているケースが多いのです。

見つけるのは難しいけれども、その存在が思考のクセなどになっていて、手掛かりは必ずどこかに潜んでいます。でも自力でそれを見つけて消し去るには困難なケースも多く、場合によっては専門のカウンセラーの力を借りることも必要かもしれません。ですがここでは自力で消そうとする場合のコツをご紹介します。

最初のコツは、自分の身に起こるすべての試練は、外からやってくるのではなく、自分の内面で引き起こしているのだと信じることです。そうではないと思えるケースもありますが、どんな理不尽な出来事であっても、その原因は自分にあるとまずは考えてみましょう。これは意識を外ではなく内に向けるためのトレーニングです。常に意識を内に向ける習慣が身に付いてくると、いろんな場面で自分の感情が絶えず揺れ動いていることに気づけると思います。例えば、怒りの感情が突然沸き上がったら、それが自分のどこから沸き上がってきたのかその大元を探しに行きます。すぐに見つかるケースもありますがなかなか見つからないことの方が普通です。そんな時はいろんな仮説を思い浮かべてみましょう。そして仮説を考える時にも常に自分の感情を観察し続けておきます。すると正解が思い浮かんだ時、「これだよ！」と感情が教えてくれます。「スッキリ」するのです。

でもそれでも見つからない場合は、あまり深追いはしないで、心の片隅に今回の出来事を置いておけばいいです。そしてまた日常に戻ります。するとまた、いろんな感情が沸き上がってきます。そしてまた同じことを繰り返します。すると未解決の事例が沢山積み上がってきます。積み上がった事例を眺めると、そこに同じようなパターンがあることに気づきます。場面は違うけど、そこで生まれた感情が同質だと感じるケースです。それらをまとめて眺めてみると、複数の場面に共通する「何か」に気づくことがあります。そこまで行けば答えが見つかります。

難しいな～と感じるかもしれませんが、実はここまでする必要はあまりないのです。すぐに答えが見つかるケースもあるといいましたが、小さなゴミは比較的簡単に消せます。そして消せるものから一つずつ丁寧に消していくと、心の中が少しずつシンプルに整ってきます。すると以前は全然わからなかった答えが、突然出てくることがあります。焦らず継続することが大切です。

しかし、幼児体験など、既に忘れ去ったことが原因になっている時は、自力では難しいかもしれません。でも自分が忘れ去っていることでも、クセとしてその痕跡が残っているものです。問題は自分のクセは自覚しにくいことですが、人から見ると結構見えているものです。ですから友達の力を借りて、自分にどんな癖があるか教えてもらうのも良いと思います。自分のクセを日常で意識してみましょう。そしてそのクセが発動した瞬間、その時のあなたの感情はどのように動いたかです。何も揺らがずスルーすれば大したクセではないですが、ネガティブな揺らぎを感じたら、そのクセにフォーカスしていろいろな角度から眺めてみましょう。

この方法は、私自身がまだまだ経験が足りないので、今お話しできるのはここまでです。ぜひ皆さんが独自に見つけた方法を教えてください。

さて、心の揺らぎの原因を見つけたらそれだけで硬板層は消えるのかということですが、残念ながら消えません。原因の正体はたいていが自分にとっては情けないことです。でも何が出てきても、その事実を受け入れて、そんな情けない自分を許してあげることです。そしてそのままでもいいよと思ってあげることです。硬板層を取り除くというのは、溶かして消し去ることです。でも、せっかく原因にたどり着いても、そんな自分は嫌だ！　と反発すると、さらに硬板層は強化されてしまいます。自分を信じて自分が発する愛情でやさしく包み込んであげましょう。そしてここまでのことができたら、消えたかどうか確認してみましょう。私にはこんな情けないところがあるんですと、親しい人に言えますか。今まで言えなかった言葉や行動が、少しでも実行できるようになりましたか。硬板層はエゴでもあるので、命がけで自分が消されるのを阻止しようと抵抗する時もあります。消えたフリをしている時もあるので、確認しながら焦らず少しずつ取り組みましょう。

量子力学の世界

さて、お話しが大きく変わりますが、しばらくは量子力学の話をします。

量子力学の最大の功績は、「再現性が得られないのに科学として認知された」ことにあると私は思っています。一般的に科学は「再現性が得られる」ことが最低限のルールとしてあります。しかし量子力学では、観察者の意識によって結果が異なってしまいます。そうなる理由は波の世界を対象としているからです。

通常の科学はこの物質世界の枠の中での出来事を対象としているので、その枠の中では再現性が得られるのです。しかし、量子力学の対象は波（波動）です。物質世界の枠を突き抜けているので、物質世界に表われる現象（結果）にはあまり意味はありません。

量子力学では「全てのモノは波の性質を有する」と言っています。そして人間の意識も波です。二つの波が出会うと、打ち消したり（波が消える）共鳴したり（新たなエネルギーが生まれる）します。そして観察している対象の波と、人間が生み出した意識の波はお互い干渉しあうので、そこに変化が生まれます。これが観察者の意識によって実験結果が変わることの理由です。

このことは、人間の意識によってこの世界を変えることができるということを意味しています。意識で世界を変えることができるのです。なんかワクワクしてきませんか。

さて硬板層を消すのにも、この波の性質を利用しているのです。

消したい硬板層を見つけたら、その硬板層（波）に意識を向け、それを許しと感謝というとても繊細な波動で包み込みます。包み込むことで鋳型のように真逆の波形が生み出され、真逆の波形が重なることで波は消えます。しかし、こんな自分は嫌だという感情をぶつけると、波同士が共鳴して新たなエネルギーを生み出し、より強固な硬板層にしてしまいます。

少し違う例でお話しします。例えば「〇〇反対！　運動」は、〇〇とは真逆の波形を生み出しているように感じます。だから反対することで相手が消えるように感じますが、実は、〇〇という同じ波形に「反対（嫌い）」という感情がくっついているだけなのです。だから本質は同じでお互いが共鳴します。ですから「〇〇反対！　運動」は〇〇をなくしたいという思いでしていることなのに、逆に相手にエネルギーを与えています。〇〇をより強化しています。

でも、「〇〇反対！　運動」は〇〇という問題が存在することを広く知らしめるという点では意味はあります。ではどうすれば〇〇をなくすことができるか。やはり心の硬板層と同じように、○○をリスペクトすることから入る必要があります。波動的には愛することでしか相手を消すことができません。過去の偉人たちが実践してきた方法ですが、それを私たち一人ひとりに広げていけるか、ここが人類の勝負所なんです。

話を戻しますが、私が硬板層という言葉と出会うまでは、この存在をノイズと表現していました。

私たちは生まれる時に、固有の波形を持って生まれてきます。それを個性と呼び、一生涯変わることはありません。その波形で生きていくというのは宿命なのです。ですがそれを無視して、別の人間（個性）になりたいと思うと、自分の波形に余計な波形を張り付けて、見た目は異なる波形を創りだします。しかしその正体はノイズなので、上手にその波形を振動させることができないのです。すなわち自分という存在を光らせることができません。

心の硬板層を消すというのは、自分のオリジナルな波形にくっついたノイズを削り落としていく作業でもあります。仏師が一本の木から仏像を彫り出すように、「私」を表に浮かび上がらせる作業です。

このようにして本来の自分の波形を取り戻すと人生が楽になっていきます。例えば怒りという感情は、外からやってきたネガティブな波形と、自分の中にノイズとして存在する同質の波形が共鳴して、心の中に怒りというエネルギーが生み出されます。しかしそのノイズが削り取られた後では、外からの波形はそのまま身体を通り抜けていくだけなので、ストレスも生まれないのです。

でも人生が楽になることと、人生を楽しむこととは微妙に違うのです。波にはもう一つ「振動」という現象があります。一定の時間の中でその波が何回揺れ動いたかが振動数で、その回数が高くなればなるほど、その波はより繊細で高いエネルギーを有するようになります。そして最上級の振動数を有するエネルギーが光です。

私は、自分に与えられた波形（個性）を使って、どこまで高いところまで上ることができるかというチャレンジこそが、人生を生きるということではないかと思っています。

健康のメカニズム

お話し会をさせてもらうと、健康についての質問をたくさんいただきます。今日は、健康のメカニズムを、今お話しした波の話と絡ませて説明してみます。

実は波だけではこの説明は難しく、「波」と「電子」と「微生物」の知識が必要で、これらがどのような特徴を有してお互いにどのようにかかわってくるかは、前作を読んでいただきたいのですが、ごく簡単に復習すると、

・人間は様々なエネルギー帯の波を発生させることができる高度波動発生装置です。
・感謝といった高い波動は善玉菌（発酵菌）と共鳴し電子を生み出します。
・怒りといった低い波動は腐敗菌と共鳴し電子を消費します。
・生命エネルギーの正体は電子で、電子は高きから低き（電圧）へと流れます。

これだけで大丈夫かな……。

まず健康な状態というのは、体内の栄養バランスが整っていて、免疫機能が正常に働いている状態です。栄養すなわち必須微量栄養素はミネラル・ビタミン・酸で五十数種類あるといわれています。免疫機能が異なれば、必要な栄養素も異なって、そのうちの一つでも不足するとその機能は発揮されません。免疫機能が十分に発揮されていない状態を病気と呼びます。

だから栄養バランスの良い食事に心がけることはとても大切なのです。ですが、どんな気持ちで頂くかがもっと大切です。どんな質素な食事であっても、感謝の気持ちとともに頂くと、身体は感謝という高い波動を発しているので、おなかの中の善玉菌

と共鳴して、活発に活動を始めます。その結果、質素な食事でもその栄養素がロスなく体内に取り込まれていきます。

一方、いくらバランスの良い食事をとっていても、「あれは食べてはいけない」という排除の気持ちが働いていたり、「これで大丈夫だろうか」という不安な気持ちがあると、身体は低い波動を発しているので、腐敗菌と共鳴して、おなかの中は腐敗してゆき、せっかく食べた栄養素も十分に消化されずそのまま体外に放出されます。

また発酵は電子を生み出し、腐敗は電子を消費しますから、前者の場合は身体全体が高電圧になり、後者は低電圧となります。病原菌は低い電圧を有していますが、その人の身体の電圧が高いと身体の中に侵入するのが困難となり、身体の電圧が低いと容易に身体への侵入を許します。

結論として、選択可能な範囲でより良いものを選んで食べることは大切ですが、それを気にして神経質になると、逆に病気の原因を作っています。どんな食事であっても感謝して頂くことが健康の秘訣です。

多孔質の心

硬板層の話に戻ります。

畑の硬板層を取り除くために私たちは菌の力を借りて消していきますが、菌が食べて目詰まりしていた物質が取り除かれていくので、土は多孔質の状態となります。これが本来の土の状態なのです。昔の人は「農とは土つくり」と言っていましたが、このような状態を常に維持することを目指していたのです。

さて、この多孔質の状態と同じ形状をしている物質があり、それが「炭」です。水の中や畑の中に炭を入れると微生物が元気になるという話はよく聞きますが、小さな穴が微生物の住処になるからかな、と思っていた時期もありました。それもあるかもしれませんが、一番大きな理由は炭が波動変換装置だからです。

私たちの周りには多様な波が飛び交っています。そしてそれらの波が炭にぶつかると、沢山の多様な穴を通り抜ける中で、波そのものが繊細で柔らかい波に変化していきます。ですから炭から放出された波はとても高いエネルギーを持つ柔らかい波へと変化しており、その波と善玉菌が共鳴するので微生物が元気になります。

多孔質の土は、この炭と同じ役割を果たします。様々なエネルギーを高い（上質な）エネルギーに変換して、土の中の微生物を活性化し、そしてその微生物が働くことで、作物が吸収可能な栄養素もしっかりと生み出されていきます。

それでは心の硬板層を取り除いていけば、あとはどうなるのでしょうか。やはり土と同様に多孔質な心になっているのではないかと予想しています。これは結構すごいことなのです。ここまでの話では、心の硬板層が消えていくとストレスを生み出すことがなくなってくるので楽な人生を歩けるようになる、と話しましたが、さらにそれが進化していくと、様々なネガティブなエネルギーにさらされても、そのエネルギーを自分の中で上質のエネルギーに転換して、それを外部に放出できるってことです。私はまだそんなレベルまで行けていないので、あくまでも仮説ですが、過去の偉人たちが無尽蔵の上質のエネルギーを放出しているのを考えると、この仮説は意外と当たっているのではないかと思います。自分という存在が人類の「炭」となる！　素敵でしょ。

ではこの辺で少し休憩しましょう。

図4　多孔質の心　（布久保麗奈・新谷はるか　作）

私たちが生きるこの世界は、高いエネルギーも低いエネルギーも同時に存在しています。「硬板層」という名の衣を脱ぎ捨てた心は、発する光をさらに高め、周りを明るく照らすとともに、ただそこにいるだけで、周りの低いエネルギーを高いエネルギーへと転換していきます。

＊＊ちょっと休憩2：摘み菜の会＊＊

日本農業遺産の認定と前後して、摘み菜の第一人者である平谷けいこ先生と出会いました。摘み菜のインストラクター養成講座を私の自然農のみかん畑で開きたいというご相談を受けたのです。

実は日本農業遺産の申請に先立って、和歌山大学の養父志乃夫《やぶしのぶ》教授に畑の植生調査を実施していただきました。調査したのは、私の自然農の畑（A畑）、私の減農薬の畑（B畑）、除草剤の入った一般の畑（C畑）の3地域で、

調査方法：ブロン－ブランケ法　調査区間：5m×20m
調査日：2018年9月3日

結果は

A畑：42種類（うち外来種5種）、B畑：27種類（3種）、C畑：18種類（4種）

でした。いつもは刈る対象としか見ていなかったので、こんなに種類があることにまずビックリしました。素人が見ると10種類くらいしか探せないのです。そしてA畑とB畑の数の違いにもビックリです。見た目はほとんど変わらないのに、除草剤は一切用いず葉っぱから水滴として落ちる程度の農薬でもこれだけの違いが生まれているなんて。

そして摘み菜の養成講座はA畑で実施したのですが、参加者によって食べられる草が畑のあちこちで発見され、歓声が上がります。そしてみかんの畑なので、食材として4種類のみかんも提供しました。みかんの食べ比べ（利きみかん）もしたのですが、食材として使うのはもっぱら皮でした。そして畑で摘んだ野草とみかんによって次々に新しい料理が生み出されていきます。野草は普段食べていないので、まるで高級食材が使われているかのようです。それにみかんの皮も活用され、「魅感菜ランチ」と名付けられました。

このイベント以来、妻の明子はすっかり摘み菜の世界に目覚めてしまい、自然の豊かさを広めていきたいということも視野に入れ始め、次々と野草（雑草とも呼ぶ：笑）が食卓に並ぶようになりました。我が家の畑は巨大な食糧庫へと大変身したのです。私たちの世界が一気に広がった感じです。

また参加者の方々にもとても喜んでいただき、定期的に開催することが決定するとともに、みかんの花を摘んでフローラルウォーターを作るイベントなど、テーマも広がろうとしています。これまでは私が主催するイベント（みかん精の楽光）に県外の方々が参加してくれるというパターンでしたが、それに加えて県外で活動されている方々が、フィールドとして下津の私の畑を活用してくれるという流れが生まれてきました。定期的に来ていただけるので日本農業遺産の魅力も随時紹介していけたらと思っています。

「日本農業遺産の下津において、森さんの自然農のみかん畑で〇〇イベント開催！」

こんな文字を見かけましたら、ぜひ皆さんもご参加ください。私の畑が、みかんを生産するだけの畑から、多様な人々が集い、交流し、楽しみ、そして育ちあう。そういう空間になるよう、さらにその魅力を高めていきます。

後半　私の命を輝かせる

今に生きる

ここまでは硬板層の取り除き方や、取り除いた後がどんな状態かといったことをお話ししてきました。ここからは取り除いた後で何をするか、というお話をしたいと思います。

量子力学のお話のところで、人それぞれに固有の波形を持っていて、その波形をこの人生でどこまで高める（周波数を高める）ことができるかというチャレンジこそが魂の目的ではないかという話をしましたが、ではどうすればそれができるのでしょうか。

まず自分を変える（あるがままの私を取り戻す）には1章でも触れましたが、「今に意識を集中し、今できることをやりきる」しかありません。でも「今」ってなんだと思いますか。

前作の共著者である森光司くんと、出版に向けた打ち合わせをしていた時、「けんちゃん、無限大のその先と無限小のその先は一点で結ばれているんだよ。これが矛盾点であり命の原点」と言い出し、そんなの文章にしてもさっぱりわからないし、だったらイメージで説明しようと、一本の線の端と端をつないだら「ただの円」になって、それでも正しいのだろうけど、円だとそのどこが矛盾点かわからなくなります。色々考えて、「∞」というイメージが浮かんできて、両端を中真とつなげればいいんだということになりました。すなわち、直線的な概念でとらえられるその多くが、本当はこういう関係（∞）にあるのではないかと思うのです。それは時間軸も同じで、中真の一点が「今」です。時間には「今」というこの一点しか存在せず、過去も未来もすべてがこの一点に畳み込まれています。今は過去とともに生きて、未来とともに生きている。未来を変えようと思うと今を変える以外に方法はなく、今を変えれば過去も変わります。……今、「過去が変わるなんて、ウソだ！」と思いましたね（笑）。

過去に起きた現象を変えることは確かにできません。とてもつらい過去を経験してきた人は結構多いと思います。何度死のうかと思った人もいるでしょう。でも、今ここに集まってくれている皆さんは間違いなく生きていますよね。幽霊さんいないですよね。どんなに辛い過去があっても、過去のあなたは、必死に生きてこの命を今につないでくれました。過去の自分が頑張ったから今の自分が生かされている。そして今こんなに素晴らしい話を聞けている（笑）。今の自分は過去の自分に生かされています。そのことに心から感謝できたら、過去にあなたを苦しめた出来事は、一気に宝物へと昇華されます。これが過去を変えるということです。「過去の私」が「今の私」に救われます。

意識を過去や未来に向けることは、何も存在しないところに意識を飛ばすことであり、エネルギーロスを生んでいます。でも意識を今に集中させることは意外と難しいですよね。「今できることをやりきる」のはできると思います。でもやりながら、これをやれば褒めてもらえるとか、あの時あれをやっていればもっと楽ができたのにとか、どうしてもいろんなことを思ってしまいます。でもそれでは意識が過去と未来を徘徊していることになるのです。このように意識が過去や未来に飛んでしまう間は、「今なすべきことをやりきる」ことがまだまだ不完全であるという証拠なのです。本当にやりきれば過去に対する後悔は消えていきます。そしてやりきれば、その結果がどんな結果になっても受け入れる（未来を受け入れる）強さが身についていきます。

余計なことに悩まず、「今なすべきことをやりきる」これを淡々と続けることで、いつの間にかあなたの夢は実現しているし、あなたのエネルギーも上昇しています。これが「今に生きる」という意味です。

「夢を実現する」話もしておきますね。1章でその話は書いていますが、少し補足するなら、想い（夢）の現実化は波の共鳴によってなされるということです。例えば、同じ想いを持つ人たちは引き寄せの法則で自然に集まってきますが、その人たちと同じ想いがシェアできたら、夢の実現は早くなりますよね。人が集まれば共鳴し新たな現実が現れますが、一人だけでも同じです。では一人なのにどうやって実現させればいいのでしょう。それは、「想いの波」と「行動の波」を共鳴させるのです。いくら沢山のことを想っていても、行動が伴わないと何も変化は現れません。同様に人の指示通りにただ動いているだけでは、何も変化は生まれません。農業でもたとえ自然農という新たな農業に取り組んでいても、教科書通りに働いているのでは何も新たな価値を生み出しません。想いと行動が合わさるところにのみ新たな価値が生まれます。ここで言いたいことは、「行動も波だ！」ということです。何かを思ったら、まずは行動に移すことです。そのことが他人を引き寄せることにつながりますが、たとえ周りに変化が現れなくても、あなたの中に必ず変化が生まれています。

さとり

1章を読んだ方から、「これは宗教ですか？」という感想をいただいたことがあります。実は1章を書き始めた時の裏テーマが、「人はなぜ苦しむのか、そのメカニズムを農哲で解き明かそう」だったのです。宗教の始まりも、人々を苦しみから救いたいというものであったはずなので、宗教といわれたら否定しないのですが……現在の宗教でこんなお話をしてくれる住職さんはあまり多くはいないですよね。いろんな住職の説法を聞かせていただく機会がありますが、〝僕が代わろうか〟と心の中で呟いています（笑）。現在宗教は宗教の本質というか哲学を見失ってきているように感じます。

これ以上は深入りしませんが、なぜこんな話をいきなり始めたかというと、そのやり取りの中で「さとり」という言葉が出てきたからです。そしてそういう視点で1章を読み返してみると、確かにこの文章はさとりの一面を言い表しているようにも感じます。ただし、私自身は特殊な体験とか一切したことがないので、私が悟って書いた文章ではありません。あくまで客観的に読んでみるとそう感じるという程度です。

でもそうであるなら、「さとり」というのは、「特別の人が特別の修行をして得られる特別な現象」というものでは全くないということになります。そして特別なものではないというのは正しいと確信できます。

「さとり」を目指している人はいったい何を目指しているのでしょう。悟って、自分は人とは違うと優越感を持ちたいのでしょうか。そう思っている人は永遠に悟れませんが、人として生きていく以上、すべての人は「あなたは何をするのか」を問われます。すなわち、悟っても悟らなくとも、「今なすべきことをなす」これしか答えはないのです。ですから悟ったところで見える景色は何も変わりません。さとりなんて大したことはない！……あっ、「ウソだ！」ってまた思いましたね（笑）。

たぶん「さとり」によって何かは変わります。これも私の仮説ですが、悟っても日常は変わらないし、今なすべき行動も変わらない。でも内面に小さな変化が生まれます。それは「人の役に立ちたい」という想いが強くなること。これは魂が発酵し始めたからそうなるのですが、この想いが強くなると、次になすべき行動の選択肢の中に、人の役に立ちたいという行動が加わり、その行動を選択する可能性が高まります。行動に変化が生まれると未来に変化が生まれます。すなわちあなたの未来は「さとり」によってワクワクの未来へと変化していきます。

さとりはワクワクの人生を歩むための手段なのです。ですから特別なものではなく、全ての人にその可能性があります。

岩戸開き

今、「魂が発酵する」って言いましたね。どういう意味だろう？（笑）その話は最後にしましょう。といいつつ、もうあまり時間なくなってきていますので、この本のタイトルに関する話を少しします。

『「見つけ方」となっていますけど、もっと適切な表現があるんじゃないですか。例えば「生き方」とか。なんかこの言い方、ピンときません』と言われたことあります。

直接的な意味としては、生まれた時に一緒にいた「あるがままの私」が心の硬板層によってその向こう側に姿を隠してしまった。だから、心の硬板層を取り除いて「あるがままの私」を見つけてあげましょう、という意味です。でもそれだけではない。何か他に意味があるはずだ！　とタイトルをつけた自分が言うのはおかしいですけど、色々考えてわかったのです。「見つける」という出来事は一瞬でやってくるということです。もちろん硬板層を取り除くという地道な努力は続けなければならない。でも「その時」は、「見つからない、見つからない……見つかった!!」と一瞬でやってくるのです。見つかると意識が変わる。意識が変わると見える世界が変わる。「あるがままの私」を見つけるってことは、その人にとっての「岩戸開き」が起こるということで、その人の内面から外に向かって光があふれ出てきます。その人の意識が変わり、見える景色が変わります。その変化が一瞬で起こります。もちろんすぐに

図5　岩戸開き　(布久保麗奈・新谷はるか　作)

本作品を読んでいただく中で、ハッとした気づきや腑に落ちる感覚を味わっていただけたでしょうか。その時が「私」を見つけた瞬間です。心が放つ光が、一瞬跳ね上がり、心の「硬板層」がはがれていきます。

見失ったりしますけど、一度見つけているのですぐに思い出すことも可能となります。

一方、今の世界は、地球環境問題など様々な問題が噴出していて、多くの科学者たちは今の文明が救われる道筋が見つからないと言っています。この見える世界を変えるためには、一つひとつの取り組みを積み重ね、少しずつしか変えていくことができません。でもその変えていくための時間は残念ながらもう残っていません。ですからこの文明は救えないといいます。それは物質という限定した世界でいえば事実です。しかし、量子力学の世界を思い出してください。意識によってこの世界を変えることが可能なのです。物質という枠組みを突き抜けたところに、この世界を救う道筋があります。一人の人間に岩戸開きが起これば、その人の意識は一瞬で変わります。そして多くの人に岩戸開きが起これば、人類という集合意識が岩戸開きとなります。その時、この世界が一瞬で変わります。

「見つけ方」という言葉には、一瞬でこの世界を救うという願いが刷り込まれています。完全な後付けですけど（笑）。

オートマティック

本のタイトルにオートマティックという言葉を使っていますが、「オートマティックの意味がよくわからない」といった感想もいただきます。

オートマティックな生き方というのは、誰かの意志によってひかれたレールの上を後ろから強い力で押されて前に進むような感じなのですが……例えば、この本は絵本にして子供たちにわかりやすくメッセージを伝えてほしいという感想もいただきました。私は、そのアイデアはとても素晴らしいと思いますが、それは自分の仕事ではないし、今はまだそのタイミングでもないと感じます。でも、今なすべきことをやりきったうえで、次に進むべき道は絵本化しかないと強く思えた時、目の前には絵本作家が立っているのです。間違いなくそうなります。こういう現象が連続して起こるような生き方です。

単発的にはこういう現象はだれもが体験したことがあると思います。そういう時は、こんな偶然もあるのだな〜とちょっと得した気分になったりしますが、これが度重なるようになると、だんだん怖くなってきます。お祓いに行った方がいいだろうかと思ったり……（笑）。

ただ、今はそれが当たり前という感覚になってしまったので、あまり不思議も感じなくなっているのですけど、一般的にはやはり不思議な現象だと思います。それで1章を書いている時、オートマティックな現象を農哲で解き明かしてみようとチャレンジしたのですが、そのからくりを解き明かせませんでした。大きなエネルギーの流れに乗っかるということだと思うのですが、1章では「これはとても不思議ですが必ずそうなります」としか書けませんでした。でもいろんな人とお話しすると、私も大体そんな感じだとおっしゃる方が沢山いるのです。

今日、ここに集まってくれた皆さんとは共鳴する「何か」があるから、お互い引き寄せられてここに一緒にいます。ですから皆さんの中に既にオートマティックな生き方をされている方が大勢いることは不思議ではありません。しかし、そのからくりを解き明かせないのは、本来はそれが普通のことだからではないだろうかと思うようになりました。

すなわち、思い通りにいかないこの世界にこそ、その理由があるのだと。

この物質世界では、生み出された「想い」という波動は、様々な物質に行く手を遮られて、スムーズに伝わりません。そして途中で行方不明となったり、時間差で伝わって最初の「想い」を忘れてしまっていたりします。しかしあの世では、「想い」を遮るものが存在しないので、想いはすぐに現実化します。いえ、あの世にはまだいったことがないのでよく知らないのですが……（笑）。

「想い」を遮る「モノ」は硬板層と一緒です。ですから、心の硬板層を取り除いていったあなたは、必ずオートマティックな人生を体験することになります。先ほどお話しした「さとり」も、この「オートマティック」も誰もが体験できる現象です。だったら、せっかく生まれてきたこの人生、ぜひ皆さんも体験してみませんか。本当にワクワクする体験ですから。

ちなみにオートマティックではない現象ももちろん起こります。その場合は、そこに必ずメッセージが隠されていると感じます。何か大切なことを忘れていたり、優先順位を間違えていたり、まだ消せていない硬板層があったりといったことです。

これは皆さんも同じです。スムーズに事が運ぶことが当たり前で、そうでない場合は、そこに必ずメッセージ（理由）があるのです。

発酵モデル

さて、そろそろ最後のお話しにしたいと思いますが、やはり発酵の話をしないと、どうも農哲をお話ししたという気分になれません。発酵と腐敗の違いはもう大丈夫ですよね。どちらも分子の鎖を切るという点では同じ仕事をしていますが、発酵は複数の菌のチームプレイで行われ、結果として電子というエネルギーを生み出し、腐敗は単独の菌による暴走で、周囲から電子というエネルギーを奪い取ります。

１章で私の夢はこの世界を救うことと書きました。しかしたった一人でそんな仕事をできるはずがありません。そんな奇跡を実現するには、とても高度なチームプレイが求められます。その時、私も奇跡を実現した小さなひとつのコマでありたいという夢です。

私にできることは、生まれる時から持っている固有の波（個性）を、できる限りその振動数を高めていく、それだけです。

自分の振動数を高めるとは、外に意識を向けて外のエネルギーを内部に取り込む（腐敗モデル）のではなく、内に意識を向けて外にエネルギーを放出することです。エネルギーの放出は、「今なすべきことをなす」という「行動」によって行われます。それをひたすら続けると、自分が磨かれ振動数も高まっていきます。振動数が高まると、より広いエリアまでエネルギーが伝わります。そして高い振動数は、他の高い振動数（他人）との共鳴を起こし、お互いが引き寄せられます。引き寄せられた二つの波動は、共鳴した共通の部分（波形）を有していますが、全体の波形は異なるので、二つの波形が合わさってより大きな波形を生み出します。そして新たに生み出された波形はさらに他の波形と共鳴し、更なる引き寄せが生まれます。このようにして大きな波のネットワークが形成されていきます。

私は私の仕事をやりきるだけです。そのことが、周りの人の役に立ち、私が発したエネルギーの連鎖が生まれて、私の仕事が周りの人によって支えられます。人の役に立ちたいという想いが連鎖となって私が生かされます。これがオートマティックであり、沢山のオートマティックが重なり合って、この世界を救う大きなしくみが形作られていきます。これが究極の発酵モデルであり、その中に自らの命をなげうつことが魂の発酵です。

ともに発酵モデルで生きましょう。ありがとうございました。

Q＆A　お話し会での質問と答え

参加者との意見交換から、いくつかのQ＆Aをご紹介します。

Q1：１章に「無性に○○が食べたくなる」という表現があり、確かにそういう感覚を体験したことはありますが、絶えず「○○が食べたい」という偏食で苦しんでいる人もいます。こういう人にはどういうメッセージが有効ですか。

A1：それは明らかに病気なので、専門の医師の指導に従ってください。ただ、病気の原因は食とは関係ないどこかにあるかもしれません。医師の指導を受けつつも、日常を正すということを小さなところから取り組むことをお勧めします。決まった時間に起きるとか、まずは実行できる小さなところから取り組んでみましょう。それと同時に内面を観察するという習慣も身に付けてほしいですね。日常の小さなことを変えることで内面にも小さな変化が生まれます。その変化に気づけたら、より早く病気が改善するかもしれません。

Q2：「○○を食べてはいけない」と思うことと、「○○を食べるように心がける」との違いがよくわかりません。

A2：　前者はネガティブな感情を生み出し、後者はポジティブな感情を生み出すので、そのことが結果に大きく影響することはすでにお話ししましたが、もっと大きな違いがあります。前者は食べてもいいものと駄目なものとに明確に境界線を引いているのです。でも後者は今選択できるものの中からより良いと思えるものを選択するので、明確な線は引かれていません。

線を引くと内と外に分離が始まります。分離が進むとバランスが崩れます。バランスが崩れると元に戻そうという法則が働きます。線を引くことがどうしても必要なケースもありますが、たいていは課題を生み出す引き金となります。

善と悪を区別するのも同じです。日常のいたるところで私たちは無意識に線を引いているのです。「できる限り線を引かないようにする」ことを意識しながら自分を観察してみてください。新しい世界が見えてくるかもしれませんよ。

Q3：「○○をしたい」という夢は持っていますが、どうしてもお金の心配がありその夢に向かって踏み出せません。

A3：お金の問題（心配）は、ほとんどの人が感じている課題ですよね。実はオートマティックな生き方ができるようになると、お金も自然と入ってくるようになります。なぜならお金の流れもエネルギーの流れだからです。でも、必要以上のお金を得ることはできません。残念ですね（笑）。だからと言って、お金の心配があっても勇気をもって夢に向かって一歩を踏み出そう！　と言っているわけでは決してありません。むしろお金の心配を感じるということは、まだその時ではない証拠です。今は目の前の仕事としっかり向き合うべきです。今の仕事と巡り合ったことには必ず意味があるし、どのような仕事をしていても自分磨きができます。そして今の仕事をやりきったら、そこから卒業するような形で、次のステージへと自然に押し出されます。それが夢かどうかはわかりませんが、確実に次（上）に向かっています。今に集中し心が穏やかになる状況を目指しましょう。

Q4：分離して認識するのが思考のクセとのことですが、理解できません。それはあたりまえではないでしょうか。

A4：　分離とはどういう状態かを議論することは、ここでは重要なことではないので、考え方がおかしいと言われたらそれには反論しません。しかし、「AとBを比較する」ことは日々行っていますよね。私もみかんの味を比較してその違いが何を意味するかを考えてきました。ですから比較することが無意味とも思いません。しかし、「意味もなく比較する」ことが圧倒的に多いのです。この、自分の中に刷り込まれてしまったような感覚を思考のクセと呼んでいます。それがクセであることを確認するためにも、無意味（無意識）に比較している自分を観察し、それをしなくても何も人生に支障がないことを確認してください。そのクセでとても大きなエネルギーロスをしていることに気づいてください。無意味な比較は、自分の信じる世界とそれ以外の世界を比較している場合が多いと思います。そして無意味に比較していることに気づいたら、比較する前に比較する両者の間に境界線を引いていることにも気づくはずです。比較することが無意味なら、そこに境界線を引くことも無意味です。境界線を引く＝分離です。ではなぜ人はそんな無意味なことをやり続けるのでしょう。私はクセだからとしか言えません。そしてそれがクセであるなら消すことが可能です。これは硬板層を消すのと同じです。境界線を消すとスッキリすることをぜひ味わってみてください。

Q5：「待つ」という表現は斬新に感じます。これは重要なのかな……と思うのですが、どうしたら待てるようになるのでしょう。

A5：　1章を書き始めた時、まだ私の中に「待つ」というキーワードは浮かんでいませんでしたが、書き進めていく中で自然と浮かんできて、その時、これで1章が完結したと感じました。
農作業の収穫時期を待つというのは、観察力や知識などを必要としますが、人生においては簡単です。それは今なすべきことを〝やりきった〟という感覚を持てるかどうかです。やりきれば、その結果はどうでもよくなってきます。結果に対して執着しなくなります。ですから待つというより手放すという感じです。待つという感覚すら消えていきます。「待つ」ことが大切なのではなく、「待てる私」になることが大切です。待っている自分を忘れているくらいがちょうどよく、忘れていても結果が出た時、思い出せばいいのです。そうすると人生において最も大切なことは「プロセス」なのかもしれませんね。

Q6：森さんから、地球はもう終わりだというメッセージを何度も聞いているように思いますが、それは本当ですか。読者の不安を高めているだけで、無責任のようにも感じますが……。

A6：客観的な情報を分析していけば、相当その可能性は高いと思いますが、最新の情報を詳しく調べているわけではないので確かに無責任ですね。
私は情報を分析していませんが、日々自然と向き合う生活をしているので、この説は正しいと思っています。でもそのことを悲観しているわけでもありません。過去の文明は何度も滅亡したといわれていますが、今の人類は必ずこの窮地を乗り越えられるとも思っています。
仮にこの説が正しくて、近い将来に地球（今の文明）が滅びるという現実がやってきたとしても、今はまだその時ではないのですから、悲観に暮れて未来に振り回されてはいけません。私たちは今に生きることしかできないのですから。そして今という時代が、この人類が救われるか滅亡するかの瀬戸際にあるのだとしたら、今がこの人類最大の見せ場です。今を生きている私たちは、そんな時代を選んで生まれてきたのです。これはすごいことです。だったら、最後の一瞬が来るまで、ネガティブな感情に支配されることなく、全力でこの人生を生ききりましょう。大丈夫です。私たち一人ひとりがワクワクの人生に踏み出していけば、必ず人類の岩戸開きが起こります。

Q7：言っていることは理解できるけど、森さんがやっていることは手緩いわ。本当に地球は危ないのです。もっと危機感をもって力強く取り組んでもらいたい。

A7：現状を正確に理解されている方ほど、そういう感想は持たれますよね。私自身、手緩いな〜と思いますもの（笑）。以前、あるイベントでパネラーとして呼んでいただいた時、「森さんの活動で課題となることはなんですか」という質問をいただいたことがあります。それを聞いて考え込んでしまいました。「課題は……何もありません……」最低のパネラーですね（笑）。でも私たちの活動は「やれることをやる」のです。やれないことには手を出さないんです。だから課題があるところには踏み込まないので、課題はないのです。さらに私たちの活動のコンセプトはユルユルです。もうこんなのは「手緩い」を突き抜けていますね！

でも先に結果を出した方が勝ちだとも思っているし、いえ、勝ち負けの問題ではないですし、誰かが結果を出してくれたらそれでいいのですが、この手緩い方法が最短でゴールに到着できるとも思っています。そう考える根拠は「柔軟性」です。柔らかさこそがこの世界では最強だと信じているからです。前作では、「あるがまま」の状態を表現するのに、「空気がしっかりと入ったゴムボール」という表現をしました。実はルフィーがゴム人間であることにはとても重大な秘密が隠されているのです（わかる人にしかわからない…笑）。

今地球はどんどんその多様性を失ってきています。多様性を失うと固くなり脆くなります。そうしている犯人は人間ですが、人間自身が多様性を取り戻すことがまず必要です。そして多様性＝柔軟性です。手緩く、楽しく、やっていきましょう。

Q8：「人類の岩戸開き」は、本当に起こりますか。それはどれくらいの「個人の岩戸開き」が起こった時に起こりますか。

A8：人類の岩戸開きは起きるかどうかではなく、「起こせる！」と信じています。その可能性にかけるしかないというのが本音ですが。もっと省エネとかリアルにできるところから取り組むべきだという意見もあります。もちろんその取り組みが無意味とは思っていないし、個人の岩戸開きのためには必要不可欠です。
しかし、リアルな世界を変えていくには、本書では「時間が残されていない」という言い方をしていますが、もっと別の問題があります。それは今日の選挙制度に欠陥があるからです。このことは『地域再生の処方箋』という本の中で書きましたが、この本では本当の平等とは、「百の荷物を背負える人が百の荷物を背負い、一の荷物を背負える人が一の荷物を背負う」ことだと言っています。誰が言ったかというと私ですけど（笑）。そして今日の選挙制度にはこの平等の哲学が取り入れられていないと。詳しくは本を読んでいただくとして、人類を救うためには大きな政策転換が必要となりますが、それは政治の世界で行われなければならず、それを実現するには過半数かそれに近い人数の賛同が必要となります。しかしそういうことは起こりえないので不可能と断言しています。

でも意識（エネルギー）の世界は違います。平等の哲学が貫かれています。個人が有するエネルギーはどこまでも向上させていくことが可能です。そして、人が有する平均的なエネルギーの100倍や10，000倍のエネルギーを有する人はいくらでもいます。そしてその人の意識が変わる（岩戸開き）と10０倍や10，000倍の影響力を発揮してくれます。

岩戸開きが行われる人の意識レベルは総じて高いので、全体の1％程度の人の意識が変われば、意識の世界ではそちらが主流となります。そして意識の世界（見えない世界）が大きく転換されれば、見える世界も転換されます。仮説ばかりで恐縮ですが、50％の人の投票行動を変えるよりも、1％の人の意識を転換する方が実現性は高いし、そこに望みを託しています。

Q9：〝「与える」連鎖が「循環」となる〟ってなんかイイですね。でも、連鎖ってよいことばかりでもないと思うのですが。

A9：　自然界では最も尊いのが「命の連鎖」であり、自分の命を他の命にささげることで成立するので「与える」と表現しましたが、人間の場合、憎しみなどの悪い感情も連鎖しますね。それは連鎖ではなく暴走と呼びたいところですが、いずれにしてもその連鎖の元をさかのぼってゆくと、誰かの内面から外に向かって放出されたエネルギーであることが確認できると思います。そして放出されたエネルギーはどこまでも勝手に流れていくものではなく、多くの人を介して次につながってゆきます。ですから、良いエネルギーも悪いエネルギーもあなたのところで止めることもできます。エネルギーはバトンです。悪いバトンはスルーして、良いバトンを受け取ったらぜひ次にそのバトンを渡してほしいです。

この本を手にして、とてもよいと感動していただけたなら、ぜひ次の人にそのバトンを渡してください（笑）。

そしてもう一つお伝えしたいことは、良いエネルギーも悪いエネルギーも、自分から放出されたエネルギーは必ず自分のところに帰ってくるという法則があります。帰ってくるまでには時間差が生まれるので、そのことが実感できないかもしれませんが、他人から受ける好意や悪意は、その発生元は自分であることが多いのです。

であるなら、良いエネルギーのみを放出するように心がけた方がお得だと思いませんか。人の役に立ちたいと思う発酵モデルは実は自分を助けてくれるのです。「情けは人の為ならず」です（この言葉の意味を「情けは人の為にならない」と受け止めている人もいますが、それは間違った解釈です）。

Q10：農業を始めて間がないのですが、できた作物をマルシェに出展した時、これは無農薬かと聞かれました。それは事実なのでそう答えましたが、何か違和感を感じました。この違和感って何でしょう。

A10：様々な課題と向き合いながら、試行錯誤して収穫した作物はとても大きな幸せを与えてくれます。でもその作物を人に販売する時「無農薬かどうか」という一点でしか見てもらえないのは悔しいですね。農薬を使わなければ皆一緒……ではないことは実践した農家ならわかります。でも、消費者からいえばそれは仕方がないことです。それ以上の判断基準を持っていませんから。かといってあきらめる必要もありません。「○○さんの野菜」と言って買ってもらえる日が来るのを目指すべきです。

作物には作り手の波動がそのまま刷り込まれます。ですから農家は、他の人以上に自分の意識を引き上げる努力が大切です。それを日々続けていけば、そんなあなたのファンは確実に増えていきます。そして農家は作る人でとどまるのではなく、自分の分身（農作物）を自ら背負ってこれからもお客様の前に立ち続けてください。その時、農法ではなく、作り手の名前で作物を買ってくれる人（ファン）があなたの周りにいてくれるはずです。

Q11：自然農のお野菜などを買いたいのに、売っているところがありません。どのようにすれば手に入るのですか。森さんのみかんはどうやったら買えますか。

A11：自然農にチャレンジする農家さんは確実に増えていますが、既存の流通に乗っかることはほとんどないですね。ですが頑張っている農家さんを応援したいという小売店さんも増えては来ているし、宅配で販売する農家さんもいますので、アンテナを広げてくださいとお願いするよりありません。また、自然農がブームとなっている状況もあり、怪しい作物が偽って販売されているケースもあります。当分は混乱が続くだろうと思います。一番確実なのは農家さんとつながっていただくことなのですが……。

「より良いものを選択する」という意識を持って日々を過ごしていただければ、きっと素敵な作物と出会えると思います。

私のみかんは、卸売はしていないしネットでの販売もしていません。ですから一般の消費者の方々には買える機会がありません。ごめんなさい。最初は周りの友人に「買え！」と押し売りからスタートしましたが、その後は口コミで広がり、今はこのようなお話し会やイベント等で出会った人からご注文をいただくようになり、一度買って頂いたお客様からはほとんどがリピーターとなっていただいているので、増産しないと新たなニーズにこたえられないというのが現状です。今、一生懸命苗木を植えています（笑）。もうしばらくお待ちくださいい〜〜。

Q12：森さんは慣行農でもみかん栽培していますよね。どうしてですか。

A12：　それは生活のためです！（キッパリ）

いえいえ、納得しないでください〜〜。私がそれまでの仕事を辞めて農業を始めたのは、両親の生活サポートのためですが、その時父はまだ現役の農家で仕事も続けていました。父が長年守ってきた畑を、私が勝手に農法を変えるなんてできません。しかし、農業をするなら自分のやりたい農法を試したいという想いもあり、耕作放棄されていた畑を開墾し、そこは自然農でスタートしました。これが私の二刀流の始まりです。

今では両親は既に他界しており、すべての畑を自然農でやっていくことも可能です。でも二刀流は今後も続けるつもりです。

全く異なる農法を同時に体験することはとても大きな学びがあります。農法の学びもそうですが、両方の世界に立つことで、自然農の仲間とのネットワークを築きながら、地域の中にも溶け込み、ＪＡのスタッフや市場関係者とも交流を持ち、様々な人々との出会いがあります。そして一番の強みは両方の世界に住む人々との会話が成立するという点です。

慣行農と自然農の間には大きな境界線が引かれています。私はこの境界線が大嫌いなので、双方の交流を促しながらこの境界線を消すという仕事をしています。

実は農業に限らず、二つの世界を行き来する生活をずっと続けてきました。スピリチュアルな世界とそうでない世界、都市（消費者）と田舎（生産者）……異なる世界をつなぐ翻訳家として生きていく、これが本当の私の仕事ではないかと思ったりしています。そしてこの世界に無数に引かれた境界線を少しでも消していきたいのです。

Q13：今回のようなお話し会はどこでも開いてもらえるのですか。

A13：私の本業は農業なので、農業に支障のきたさない範囲でご縁があれば、できる限り対応しています。具体的には農閑期（5〜9月）に1〜2回／月程度です。でも、この時期にお声がかかればどこにでも行かせてもらうということでもありません。それまでの流れの中で、自然にそこに行くような状況になった時お邪魔しています。その時、交通費等の実費は頂いていますが、基本ボランティアです。

新たな人との出会いは、私自身を成長させてくれるし、この本を一人でも多くの方の手元に届けたい、それが私にとっての使命だと思い、機会があればこれからも続けていきたいと思っています。

（読者の皆様ともどこかでお会いできる日があることを楽しみにしております）

〈付録〉　農哲で取り上げたシンプルな法則（概要）

前作の『農から学ぶ哲学　宇宙・自然・人すべては命の原点で繋がっていた』（森賢三　森光司著　文芸社）ではいくつかのシンプルな法則（真理）について述べています。その主なものをここで紹介しますが、詳しくは前作をご一読下さい。（カッコ内は前作の頁です）

その1：自然界ではあるがままの姿に絶えず戻ろうとする。（P10～）

「あるがままの姿」ではない状態には、そこに「あってはならないモノがある」「なくてはならないモノがない」「形が崩れる」状態があります。一つめはそれを取り除こうとする力が働き、二つめはそれを補おうとします。三つめは存在そのものを消し去ります。

その2：いくつかのパターン（型）が様々な場所で繰り返し出現する。（P89～）
　このような現象を「相似形」と呼びますが、小スケールで見られる現象が大スケールでも見られたり、自然界で起きていることが人間社会でも起きていたり、見える世界のしくみが見えない世界のしくみと同じであったりします。

その3：地球の構造と意識の構造も相似形である。（P62～）
　地球のコアに該当するのが中真の意識で超意識と呼ばれます。さらにその核となるのが「命の原点」です。表層には硬板層が創られます。畑には畑の硬板層が、心には心の硬板層が創られます。

その4：土の中の環境と人間の内臓も相似形である。（P24～）
　土の表面は人体に例えれば「胃」の役割を担い、土の中は「腸」の役割を担います。深くなるにつれ小腸から大腸へと進み、そこに張り巡らされた植物の根っこが腸の表面の突起です。

その5：仏教でいうところの「空《くう》」は、土の中で確認できる。（P24～）

土の中で有機物が分解されると、より小さな分子とエネルギーが生まれ、やがて有機が無機となり、そこは生命エネルギーで満たされます。だから畑（土）には新たな生命を生み出す力があります。それが「そこには何もないが全てある状態」＝「空」です。

その６：意識の実現化は共鳴現象によっておこる。（P66〜）

意識を含めすべては波（波動）の性質を有し、波は共鳴と打ち消しという特徴を有します。打ち消しによってその存在は消え去り、複数の波が共鳴することで新たなエネルギーが生まれます。そして新たなエネルギーは新たな現象を生み出します。

その７：多様性＝柔軟性が本当の強さである。（P26〜）

多種多様な草で覆われた状態は、変化に柔軟に対応できる状態であり、その柔軟性こそが本当の強さです。

その８：試練はニーズを聞いて現れる。（P28〜）

試練には必ず理由があります。その理由と向き合わない限り、同じ試練がいつまでも目の前に現れます。

その9：外見と内面は表裏一体である。（P32～）

木の見える部分（枝など）と見えない部分（根っこ）が相似形でバランスを取っているように、人間の外見と内面も両者は絶えずバランスを取っています。片方が崩れればもう片方も崩れます。外見を正すには内面を正す必要があります。

その10：炭は高度な波動変換装置である。（P36～）

炭に存在する大小様々な穴によって、低いエネルギーは高いエネルギーに変換されます。土づくりとは土そのものを炭と同様の状態（多孔質）にすることです。

その11：成長曲線は月のリズムである。（P42～）

新月では根が成長し、満月では地上部の先端が成長し、これが自然の成長曲線です。全てのモノは波打っています。

その12：すべての出来事は見えない部分の実りである。（P41～）

作物の実りは土の中の働きによって得られるように、人の前に現れる現象は心や生活によって創られます。良くも悪くも今まいた種が実ります。

その13：「腐る」という現象は自然界には存在しない。（P44～）
自然界では絶えずバランスを整えようとするので、腐らずに枯れていきます。しかし人間が関与するとバランスを崩して腐ります。

その14：ストレスが栄養素を消費する。（P46～）
ストレスを受けると免疫機能が発揮され、そこで栄養素が消費されます。必要な栄養素が一つでも欠けると、免疫機能もストップします。

その15：発酵は生命エネルギーを生み出し、腐敗は奪う。（P52～）
発酵と腐敗は同じ現象に見えますが、その本質は真逆です。発酵は複数の微生物のチームプレイで行われ、電子（生命エネルギー）を生み出します。一方腐敗は単独の微生物の暴走で、周りの電子を奪います。与えるか奪うかの違いがあります。

その16：酸素が十分満たされると発酵も進む。（P59～）
　一部を除き微生物の活動には酸素が必要です。体内の発酵をスムーズに行うためには、細胞の隅々まで酸素をいきわたらせることが大切で、深い呼吸が必要です。そして深い呼吸のポイントは「吐ききる」ことです。

その17：この世界は矛盾点で繋がる閉鎖系である。（P80～）
　矛盾点とは、例えば「とても大きいのにとても小さい」点ですが、この点が存在するからこそ、バランスが崩れると元に戻そうという力が働きます。

その18：中真にはその軸上のすべての存在が畳み込まれている。（P82～）
　それは軸上に存在する全てのモノが中真から生まれたということでもあり、それが「命の原点」です。中真と中庸は同じです。中庸に生きるということは、異なる考えをすべて受け入れて生きるということです。

その19：陰と陽は合わさって一つの波となる。（P84～）
　波の下端から上端へ上昇するのが陽であり、上端から下端へ下降するのが陰です。

陰とは「分解・浄化する」現象で、陽とは「実る・実現する」現象です。波は絶えず繰り返します。

その20：命は陰と陽が一体となることで生まれる。（P85〜）

種は陽で水は陰です。両者がしっかりと結ばれることで発芽します。農家は生命を育むために土を陽と陰で満たすのが仕事ですが、土自身は陰の性質を有するので、陽（酸素）で満たすために微生物の力を借ります。

その21：私たちにはこの世界を陰と陽のエネルギーで満たす責任がある。（P86〜）

私たちに降り注ぐすべてのエネルギーの本質は「愛（中真の意識）」であることに気づき、そのことに「感謝」するエネルギーを一人ひとり放出することで世界は陰と陽のエネルギーで満たされます。

その22：すべては流れ、変化し、循環する。（P93〜）

この世界のすべては流れ、変化し続けています。流れを止めてはいけないし、「流される」のではなく「流す」ことが大切です。流すとは「今なすべきことをなす（行動する）」ことです。そして行動の原点は「与える」ことです。「与える」連鎖が「循環」となります。

その23：自然界のすべては循環し、意識も循環する。（P94〜）

意識の成長はいずれ元（原点）に戻ります。いずれ基本が大切であることに気づきます。日常（基本）の中に真の幸せがあります。

その24：バランスをとる（中庸）。（P94〜）

マイナスとプラス、陰と陽などの相反する性質は絶えずバランスを取っています。陽が強い環境においては陰性の強い作物が育ち、秋（陰）になると実り（陽）ます。

その25：バランスの中心は両方の性質が同時に存在する点である。（P95〜）

無は有を含み、影は光によって生み出されます。中心は中真であり中庸です。すべてはこの一点とつながります。人間の場合、この一点は意識の「内」にあります。

その26：宇宙・自然・人　すべては命の原点で繋がっていた。（全般）

前作、最大の難所です！（笑）。最後に森光司くんのメッセージをお伝えします。

海（生）と陸（死）の境界線には、波しぶきを上げながら打ち寄せる波が生まれますが、それが「命の原点」です。打ち寄せる波が絶え間ないように、命は躍動します。

おわりに

今回、文芸社さんより三冊目の本を出版させていただくこととなりました。最初の本は『地域再生の処方箋　～スピリチュアル地域学～』という本で、２００９年出版ですでに10年以上が経過しています。その後私の人生は全く異なる局面を迎え、最初の本の出版以前とそれ以降では別々の人生を歩んでいるようにも感じます。ですから本の内容も大きく変化しています。

しかし最初の本の時も、文章を知識でこねまわすようなことはしないように心がけてきました。絶えず、自分の内面からメッセージを引き出そうとしてきました。そして今回、久しぶりに最初の本を読み返してみましたが、これがメチャメチャ面白い！（笑）

そして本書とは比べ物にならないぐらい丁寧に一つひとつの文章を書き上げています。同じ著者か？　と思ってしまうほどですが、でもよく読むと、その土台となるところはほとんど同じなのです。

2冊目以降は「農哲」の世界を描いてきました。その世界は新たに学んだことばかりと感じていましたが、農哲を知らなかった一冊目にも、みごとに農哲の世界が貫かれているのです。これを書き上げた10年前の自分をほめてあげたいです。「私」の内から引き出されるメッセージは不変です。それは誰であっても、いつの時代でもきっと不変です。

これまでの二冊は、出版後たくさんの方々からいろいろなメッセージをいただきました。そのことで私自身が新たな気づきを得させてもらってきましたが、その内容を読者の皆さんにフィードバックさせていただく機会があまりありませんでした。ところが今回、正式に出版する前に1章を冊子として制作し、多くの方に読んでいただきました。そして「お話し会」などで今まで以上にたくさんの感想やご意見をいただきました。そしてその刺激で私自身も学び、新たなメッセージも浮かんできました。その内容を本書の後半（2章とQ＆A）に盛り込ませていただきました。私からの発信だけではなく、皆さんとの交流の軌跡も盛り込めたことはとても新鮮で嬉しく思っています。

そして皆さんとの交流は本の内容をチェックするという意味でもとても有意義でした。本を読みながら変化していく読者の姿を何人も見せていただきました。その最たる人が妻の明子です。明子は最初の読者であり、かつ厳しい編集者でもあり、たくさんのダメ出しもされました。たくさんのやり取りをして文章を正していく中で、明子自身が大きく変わっていきました。「私はこんな人だった?」といいながら「キャラ変した～」と喜んでいます（笑）。

明子が変わる（自分を思い出す）ごとに、出会う人たちが広がり、自分のなすべきことが明確になっていく姿をそばで見ていて、この本には、この本を手にしてくれたあなたの可能性をさらに高めてくれる力が宿っていると確信しています。この本はあなたを選んであなたのもとにやってきました。どうぞ末永く可愛がってやってください。

そして、自らを人体実験しながら、ともに本書を作り上げてくれた明子に心より感謝します。

いつも支えてくれる仲間の皆さん、お話し会を企画しそして参加してくれた皆さん、この本を手にしてくれたすべての皆さんにありがとう!

最後に本作品にイラストを提供してくださった方々をご紹介します。

1章のイラストは、菊地佳絵さんです。菊地さんは現在、奈良県生駒市にて鴻上純治さん代表のSATOYAMA JAPANでスタッフとして活動されていますが、様々な場面で私たちと一緒に取り組んでいます。

2章のイラストは、布久保麗奈さんと新谷はるかさんです。お二人は複数のお話会を主催してくれ、何度も私の話を聞いていただいています。また、その内容を日常の生活に生かすための実践に取り組んでくれており、たくさんのフィードバックをいただいています。

改めてこの場で感謝いたします。ありがとうございます。

著者プロフィール

森 賢三（もり けんぞう）

1960年、和歌山県に生まれる。
埼玉大学卒業後、（株）インテージに入社。
環境問題や地域経営のコンサルとして活動後退社。
2010年より和歌山県に戻り、みかん農家として今日に至る。
下津蔵出しみかんシステム日本農業遺産推進協議会委員（2018～）
著書
『スピリチュアル社会学』（新風舎 2007年＝絶版）
『地域再生の処方箋 ～スピリチュアル地域学～』（文芸社 2009年）
『農から学ぶ哲学 宇宙・自然・人 すべては命の原点で繋がっていた』（文芸社 2017年）

農から学ぶ「私」の見つけ方 オートマティックに生きる

2020年3月15日 初版第1刷発行
2020年8月15日 初版第2刷発行

著 者 森 賢三
発行者 瓜谷 綱延
発行所 株式会社文芸社
〒160-0022 東京都新宿区新宿1-10-1
電話 03-5369-3060（代表）
03-5369-2299（販売）

印 刷 株式会社文芸社
製本所 株式会社MOTOMURA

ISBN978-4-286-21432-0